AS MUDANÇAS CLIMÁTICAS
EM SÍTIOS COM VALOR CULTURAL

Blucher

Organização
Carina Folena Cardoso Paes
Pedro Henrique Gonçalves

AS MUDANÇAS CLIMÁTICAS EM SÍTIOS COM VALOR CULTURAL

As mudanças climáticas em sítios com valor cultural

Editora Edgard Blücher Ltda.

Publisher Edgard Blücher
Editor Eduardo Blücher
Coordenação editorial Jonatas Eliakim
Produção editorial Ariana Corrêa
Preparação de texto Ana Maria Fiorini
Diagramação Roberta Pereira de Paula
Revisão de texto MPMB
Capa Laércio Flenic
Imagem da capa Pixabay

Blucher

Rua Pedroso Alvarenga, 1245, 4º andar
04531-934 – São Paulo – SP – Brasil
Tel.: 55 11 3078-5366
contato@blucher.com.br
www.blucher.com.br

Segundo o Novo Acordo Ortográfico, conforme 6. ed. do *Vocabulário Ortográfico da Língua Portuguesa*, Academia Brasileira de Letras, julho de 2021.

Dados Internacionais de Catalogação na Publicação (CIP)
Angélica Ilacqua CRB-8/7057

As mudanças climáticas em sítios com valor cultural / organizado por Carina Folena Cardoso Paes, Pedro Henrique Gonçalves. – São Paulo : Blucher, 2023.

146 p.: il.

Bibliografia
ISBN 978-65-5506-810-8

1. Mudanças climáticas 2. Sustentabilidade 3. Patrimônio histórico 4. Climatologia urbana I. Título II. Paes, Carina Folena Cardoso III. Gonçalves, Pedro Henrique

23-0629 CDD 304.25

Índice para catálogo sistemático:

1. Mudanças climáticas

PREFÁCIO AO LIVRO AS MUDANÇAS CLIMÁTICAS EM SÍTIOS COM VALOR CULTURAL

Não é raro conversarmos com pessoas mais velhas de nosso convívio social e escutarmos que o tempo presente é ruim e que no tempo passado "tudo era muito melhor!". Esse senso comum parece nos contaminar: até nas ruas encontramos defensores de regimes políticos autoritários, que imaginam que, em um pretérito não muito remoto, "tudo era muito melhor!". Essa ilusão do presente a respeito do passado apaga as memórias de todas as oportunidades que nós - como seres humanos - tivemos para pactuar e decidir por ações que nos gerassem uma vida mais satisfatória. E por "vida mais satisfatória" entendemos uma existência mais plena, justa e saudável, partilhada entre diferentes formas de vida.

Como para muitos de nós o mundo pregresso se configura como idílico, o tempo e o mundo atual se tornam uma potente aberração. Charles Dickens, escritor inglês do século XIX, percebia a sociedade industrial vitoriana como um desarranjo: das relações humanas à paisagem aterradora, para Dickens, pouco sobraria da humanidade se aquele percurso industrial seguisse. Para ele, os tempos eram difíceis. Para o Racionais MC's, grupo musical brasileiro, nos anos 1990, a falta de perspectiva econômica, a destruição da natureza, as lacunas educacionais... tudo tornava aqueles tempos difíceis ("Tempos difíceis", 1990). Entre Dickens e Racionais, poderíamos elencar uma série de literatos, músicos, pesquisadores, entre outros, para os quais o tempo presente era difícil. Poderia ser diferente?

A história pouco trabalha com especulações sobre ações que não existiram. Mas a observação do tempo presente nos permite claramente ponderar sobre as escolhas que podemos e devemos fazer. No que tange diretamente às questões ambientais, nas quais estamos organicamente inseridos, pesquisas desenvolvidas em variadas partes do mundo nos mostram que atingimos o limite para decidir. O relatório do Painel Intergovernamental de Mudanças Climáticas (IPCC), que reúne essas pesquisas de forma independente e validada pelos pares, lançado em 2022, destaca aquilo que já testemunhamos e sentimos: os efeitos das mudanças climáticas têm se tornado mais severos sobre diferentes partes do Planeta Terra. Esse diagnóstico tem sido materialmente vivenciado por meio dos excessos de chuva ou da escassez hídrica; do desaparecimento de espécies de diferentes hábitats, incluindo a perda da diversidade de alimentos e a colocação em xeque da segurança alimentar; de incêndios ou de inundações; do aumento ou diminuição da temperatura de forma extremada, o que coloca em risco diferentes espécies de vida; entre tantos outros efeitos, alguns dos quais ainda não ponderamos.

O passado não era necessariamente pior. No passado, assim como no presente, muito provavelmente não fizemos escolhas que pudessem nos garantir a segurança de uma vida íntegra. Na tomada de decisões, pesquisas científicas e avaliações realizadas por comunidades tradicionais, grupos indígenas e outros atores sociais são fundamentais para nortear nossa vida no presente e nosso projeto de futuro.

Parte do coro de vozes que precisam ser ouvidas, o presente livro traz, a partir de uma perspectiva interdisciplinar, estudos de caso e análises sobre diferentes possibilidades do uso da tecnologia a favor do patrimônio e sobre formas de desenvolvimento de resiliência e mitigações aos efeitos das mudanças climáticas. A obra, composta por oito capítulos, sete dos quais produzidos no seio do Laboratório do Ambiente (https://labam.dev/), nos traz uma orientação para todo nosso potencial de mudança sobre o mundo que nos cerca. É importante destacar que o fio indutor da organização do livro, realizada pelo professor Pedro Henrique Gonçalves (UFG) e pela professora Carina Folena Cardoso Paes (UFPR), foram as dificuldades enfrentadas pelos gestores e elaboradores de políticas públicas da cidade de Goiás, reconhecida como Patrimônio da Humanidade pela Unesco, para articular uma reabilitação dos edifícios históricos (em termos de eficiência energética, otimização da temperatura interna etc.) com a legislação patrimonial e, em especial, com questões relativas à preservação arquitetônica.

O livro, portanto, nos traz reflexões teóricas e metodológicas sobre patrimônio e sobre mudanças climáticas, partindo de exemplos (e soluções) concretas. O primeiro capítulo, "Patrimônio, sustentabilidade e mudanças climáticas", de Natália Biscaglia Pereira, Carina Folena Cardoso Paes e Pâmela Pasini, traz o estado da arte dos temas que sustentam as discussões do livro. Configura-se como uma excelente introdução teórica para situar os leitores nos diálogos que encontrarão nos capítulos subsequentes.

O Capítulo 2, "Urbanismo regenerativo: planejamento ambiental para a resiliência no contexto da crise climática", escrito por Caio Frederico e Silva, Thiago Montenegro Góes e Erich Wolff, discute as estratégias ambientais usadas para o planejamento de cidades mais resilientes no contexto das mudanças climáticas. Tema fundamental para reflexão, já que cerca de 56% da população mundial encontram-se em ambientes urbanos. No Capítulo 3, "Intervenção em centros históricos no enfrentamento das mudanças climáticas: fundamentos para análise e proposição em respeito à preexistência", de Carina Folena Cardoso Paes, Ernestina Rita Meira Engel e Natália Biscaglia

Pereira, analisam-se os princípios norteadores das intervenções que visam preservar determinadas paisagens. Partindo da não dissociabilidade da paisagem histórica e da física, e de uma abordagem interdisciplinar, as autoras colocam em discussão as estratégias de uso e ocupação do solo em cidades históricas.

No Capítulo 4, "Patrimônio e a eficiência energética", escrito por Pedro Henrique Gonçalves, Gabrielle Foletto do Carmo e Lucas Miolla, abordam-se a proteção dos edifícios patrimônio brasileiros, os desafios da implementação de políticas de conservação e a construção de uma eficiência energética para essas edificações. No Capítulo 5, "Clima urbano e mudanças climáticas no patrimônio", os autores Clarissa Sartori Ziebell, Pâmela Pasini, Naahman Lima Pereira e Pedro Henrique Gonçalves buscam compreender o impacto das cidades e de suas interações sobre o clima. Os balanços de energia próprios desse cenário são investigados de forma a propor novas ações sobre esses complexos ambientes urbanos.

No Capítulo 6, "Aplicação da metodologia de zonas climáticas locais com foco na mitigação dos efeitos das mudanças climáticas em zonas de interesse de preservação", de Pedro Henrique Gonçalves, Gabrieli Ozelame Ferrarez e Ernestina Rita Meira Engel, discutem-se a conceituação da metodologia de zonas climáticas locais e suas relações com a mitigação dos efeitos climáticos em zonas com interesse de preservação. No Capítulo 7, "Monitoramento do patrimônio edificado: estudo de casos no Brasil", Ana Luísa Wuttke, Laura Beatriz Fin e Clarissa Sartori Ziebell fazem uma importante reflexão sobre o monitoramento como instrumento fundamental para a preservação e manutenção das edificações que constituem os patrimônios históricos. Os desafios de mapear e compreender os fatores ambientais e humanos que representam riscos ao patrimônio constituem um novo campo de estudos. Por fim, no Capítulo 8, "Desafios futuros", Carina Folena Cardoso Paes, Pedro Henrique Gonçalves, Clarissa Sartori Ziebell e Renata Franceschet Goettems trazem um balanço geral da obra e dos caminhos que podemos percorrer nos temas do patrimônio, sustentabilidade e mudanças climáticas.

Na condição de membro do Comitê de Mudanças Climáticas e Patrimônio do Conselho Internacional de Monumentos e Sítios (Icomos) Brasil há quase quatro anos, para mim é extremamente importante reconhecer os esforços e as realizações apresentados nesta obra. As relações entre estudos de caso concretos, reflexões teóricas e metodológicas e, em especial, a proposição de caminhos para construirmos um presente e um futuro diferentes nos mostram que os tempos podem ser difíceis, mas é neste tempo presente que podemos optar e construir um amanhã (muito próximo!) melhor.

Desejo a todos uma excelente leitura, e que novas pesquisas possam nascer dos diálogos aqui propostos.

Aline Carvalho

Coordenadora do Comitê de Mudanças Climáticas e Patrimônio do Icomos Brasil

Pesquisadora do Núcleo de Estudos e Pesquisas Ambientais (Nepam/Unicamp).

CONTEÚDO

1. PATRIMÔNIO, SUSTENTABILIDADE E MUDANÇAS CLIMÁTICAS: ESTADO DA ARTE E PERSPECTIVAS PARA UM MUNDO INFORMATIZADO **13**

1.1 Patrimônio e mudanças climáticas: uma abordagem urgente 14

1.2 Patrimônio arquitetônico e mudanças climáticas – estudos brasileiros 16

1.3 Horizontes e lacunas identificados a partir do estado da arte 24

1.4 Considerações finais 26

Referências 28

2. URBANISMO REGENERATIVO: PLANEJAMENTO AMBIENTAL PARA A RESILIÊNCIA NO CONTEXTO DA CRISE CLIMÁTICA **31**

2.1 Replanejando as cidades com a natureza 31

2.2 Cidades de baixo carbono: solução? 33

2.3 Cidades e seus assentamentos informais 35

2.4 Programa Revitalização de Assentamentos Informais e seus Ambientes 36

2.5 Expansão das cidades e sistemas de avaliação 38

2.6 Considerações finais 43

Referências 44

3. INTERVENÇÃO EM CENTROS HISTÓRICOS NO ENFRENTAMENTO DAS MUDANÇAS CLIMÁTICAS: FUNDAMENTOS PARA ANÁLISE E PROPOSIÇÃO EM RESPEITO À PREEXISTÊNCIA 51

3.1 Introdução 51

3.2 Pressupostos para se pensar a resiliência às mudanças climáticas em áreas de interesse de preservação 53

3.3 A importância da dialética territorial nas intervenções em centros históricos com enfoque na sustentabilidade 56

3.4 A dimensão da paisagem histórica e física na dialética territorial 56

3.5 Compreendendo a metapaisagem a partir de levantamentos primários 60

3.6 Objetivos de intervenção específicos para circunstâncias específicas 62

3.7 Considerações sobre a composição de procedimentos analíticos responsivos às mudanças climáticas e à identidade do lugar 66

3.8 Considerações finais 71

Referências 72

4. PATRIMÔNIO E A EFICIÊNCIA ENERGÉTICA 75

4.1 Legislação do patrimônio brasileiro 76

4.2 Mudanças climáticas e o patrimônio 77

4.3 Eficiência energética e o patrimônio 80

4.4 O conflito entre eficiência energética e patrimônio 81

Referências 84

5. CLIMA URBANO E MUDANÇAS CLIMÁTICAS NO PATRIMÔNIO 87

5.1 Introdução 87

5.2 O clima urbano 89

5.3 Mudanças climáticas 90

5.4 Relação do clima no patrimônio edificado 92

5.5 Considerações finais 95

Referências 96

6. APLICAÇÃO DA METODOLOGIA DE ZONAS CLIMÁTICAS LOCAIS COM FOCO NA MITIGAÇÃO DOS EFEITOS DAS MUDANÇAS CLIMÁTICAS EM ZONAS DE INTERESSE DE PRESERVAÇÃO 101

6.1 Introdução 101

6.2 Zonas climáticas locais e o patrimônio 102

6.3 Parâmetros de análise e suas contribuições específicas 105

6.4 Considerações finais 111

Referências 112

7. MONITORAMENTO DO PATRIMÔNIO EDIFICADO: ESTUDO DE CASOS NO BRASIL 117

7.1 Introdução 117

7.2 Monitoramento de edificações históricas 118

7.3 Variáveis a serem monitoradas 123

7.4 Considerações finais 127

Referências 128

8. PATRIMÔNIO E MUDANÇAS CLIMÁTICAS: DESAFIOS FUTUROS 133

Referências 139

SOBRE OS AUTORES 143

CAPÍTULO 1

Patrimônio, sustentabilidade e mudanças climáticas: estado da arte e perspectivas para um mundo informatizado

Natália Biscaglia Pereira

Carina Folena Cardoso Paes

Pâmela Pasini

O caminho para uma discussão ampla acerca do conceito de sustentabilidade vem sendo pavimentado desde a década de 1960. É interessante perceber que esse também é um marco temporal relevante para a compreensão da preservação na escala urbana e a valorização dos centros tradicionais nas cidades. A partir do final da Segunda Guerra Mundial, com a frente de reconstrução de meios urbanos e de provisão de habitação em massa, a materialização dos ideais do urbanismo progressista, ainda associados a uma apropriação mercadológica de seus preceitos (muitas vezes já degenerados), levou a uma série de críticas e a uma preocupação genuína com a dilapidação da história urbana e do patrimônio edificado (SAETTONE, 2002).

Do mesmo modo que a racionalidade econômica prevaleceu no pós-guerra sobre a história e a sensibilidade na construção do meio urbano, em sua vinculação social e cultural, nos anos 1980 e 1990 essa mesma dita "racionalidade econômica" (TEIXEIRA, 2007, p. 37) também se sobrepôs à questão ambiental de modo voraz. Assim, se manifestos pela humanização do espaço urbano e pela valorização dos tecidos tradicionais das cidades foram elaborados nas décadas de 1960 e 1970, os anos 1980 e 1990 também foram caracterizados por um esforço de levar às políticas de desenvolvimento urbano a dimensão ambiental.

Ressaltam-se os marcos da década de 1980 e 1990 na discussão da sustentabilidade, porque, de fato, foi nesse período que o conceito se materializou por meio de documentos e eventos referenciais, a exemplo do Relatório Brundtland, de 1987, e da Conferência Eco 92, realizada no Rio de Janeiro no referido ano. Essas ações foram fundamentais para promover modelos de desenvolvimento baseados na dimensão ambiental, como o "ecodesenvolvimento", o "desenvolvimento humano" e a "sociedade sustentável" (TEIXEIRA, 2007, p. 37). Esses novos entendimentos retiravam a cidade de uma ótica de antagonismo em relação ao meio natural, e, baseando-se no conceito moderno de ecologia, que se estruturava desde a década de 1960, o desenvolvimento sustentável se colocou como uma via de diminuição dos impactos urbanos e de uma maior articulação do ambiente construído com a natureza.

Esse breve histórico sinaliza que, de algum modo, a valorização dos centros urbanos tradicionais e do patrimônio edificado e o projeto de uma cidade dotada de um melhor desempenho ecológico são processos que têm raízes em comum e que, por esse motivo, também podem encontrar em sua associação objetivos e estratégias que fortaleçam, mutuamente, esses pilares tão fundamentais na cidade e sociedade contemporâneas. Evidentemente, com o passar dos anos, tanto o debate da preservação como o da sustentabilidade ganharam inúmeras complexidades e dimensões na teoria e na práxis. No âmbito do debate ambiental, por exemplo, a 21ª Conferência do Clima (COP 21), realizada em Paris, em dezembro de 2015, sedimentou as bases para um acordo internacional pela diminuição na emissão de gases provocadores do efeito estufa como medida de resiliência aos impactos das mudanças climáticas. No entanto, mais uma vez, os objetivos se associam no duplo desafio de melhorar o desempenho ecológico de nossas cidades e salvaguardar o patrimônio edificado: as mudanças climáticas também trazem desafios e impactos para a conservação.

A intenção deste capítulo é apresentar uma revisão de literatura acerca dos impactos das mudanças climáticas no âmbito patrimonial brasileiro, introduzindo-se algumas questões de cunho específico, como: a escala de abordagem, os riscos e caminhos propositivos para a mitigação de processos de degradação do patrimônio edificado e as contribuições da tecnologia no trabalho dialógico e responsivo ao meio.

1.1 PATRIMÔNIO E MUDANÇAS CLIMÁTICAS: UMA ABORDAGEM URGENTE

Antes de adentrar nesses temas mais específicos, é importante frisar que o patrimônio cultural brasileiro sofre, a cada dia mais, a influência das mudanças climáticas, que ocorrem de modo ativo e constante. Devido a isso, foi criado recentemente o Comitê de Mudanças Climáticas e Patrimônio no Icomos Brasil. O Icomos – Conselho Internacional de Monumentos e Sítios – é uma organização global associada à Organização das Nações Unidas para a Educação, a Ciência e a Cultura (Unesco) cuja missão é promover a conservação e a valorização de monumentos, centros urbanos e sítios. O Comitê Brasileiro do Conselho Internacional de Monumentos e Sítios, após a reforma dos seus estatutos, em 1995, é caracterizado como uma organização não governamental, sem fins lucrativos, que age em nome dos interesses públicos (ICOMOS BRASIL, 2015). A criação do Icomos é emblemática no enfrentamento das questões globais que acarretam desafios à preservação, mas é possível dizer que as mudanças climáticas trazem entraves ainda maiores ao grande tema da conservação. Com esses processos acontecendo de modo acelerado e de forma negativa, no final do século XX foram desenvolvidas, por iniciativa da Unesco, metas e ações de proteção do patrimônio mundial. Uma das diversas missões da Unesco é incentivar os países a aderirem à proteção do seu patrimônio a partir da construção de uma política pública abrangente, por meio da qual a população também se sinta motivada a ajudar em sua preservação, além de fornecer assistência emergencial quando necessário (ZANIRATO; RIBEIRO, 2014).

Nos últimos anos, trabalhos investigativos vêm sendo realizados ao redor do mundo para buscar a influência das mudanças climáticas no patrimônio. No estudo descrito por Bonazza (2018), relata-se que entre os fatores que mais deterioram o patrimônio cultural estão as alterações de temperatura, chuvas, ventos fortes e períodos extensos de seca. Analisam-se também as ações pós-desastres, ou seja, logo após o patrimônio sofrer algum dano provocado por eventos da natureza, pois é importante atuar no momento de reparação, haja vista que, em alguns casos, ações mal-executadas prejudicam ainda mais as construções. Problemas comuns relatados são: recursos inadequados ou inferiores ao esperado; barreiras burocráticas; e situações que apresentam risco à segurança da equipe de resgate.

No caso de cidades e monumentos do patrimônio cultural, Colette (2009) observou que construções históricas são mais porosas e que sua ligação ao solo se dava por meios mais naturais, o que faz com que acabem absorvendo a água do ambiente, num processo que leva à erosão e corrosão da sua estrutura. Degradações como essas podem ser aceleradas quando as mudanças climáticas ocorrem de maneira inesperada, alterando os teores de umidade e favorecendo o surgimento de rachaduras profundas. Além disso, quando se trata de edificações que são inundadas, os riscos de desastres aumentam, pois sua estrutura não é capaz de ficar submersa na água por tempos prolongados ou tolerar ciclos de alagamentos recorrentes. Em zonas áridas, pode ocorrer o contrário: índices maiores de desertificação, salinidade e erosão do ambiente podem prejudicar sítios históricos.

Huertos, González e Ruiz (2006) apresentam em seu trabalho elementos que podem alterar diretamente um monumento histórico, apontando entre os principais fatores climáticos os agentes contaminantes nas proximidades do terreno e o clima do local. Essas ações ambientais podem acarretar danos na estrutura da obra, composição química dos materiais, propriedade mecânica, assim como podem diminuir a resistência a intempéries, aumentar a porosidade das paredes, impactar o conforto térmico e afetar a estética do edifício histórico.

Analisando a necessidade de estudos para averiguar as consequências das mudanças climáticas no patrimônio inglês, a University College London (Centre for Sustainable Heritage) desenvolveu um relatório, apontando que os índices de temperatura e umidade baixam nas estações de primavera, verão e outono, enquanto no inverno a precipitação aumenta, também sendo identificada nesse período a presença de ventos fortes, levando a inundações e perdas costeiras. Essas circunstâncias, associadas, foram consideradas ameaças ao patrimônio histórico do Reino Unido (CASSAR, 2005).

Korka (2018) também elenca alguns aspectos que influenciam negativamente a preservação de uma cidade histórica. Em linhas gerais:

> [...] fatores naturais de decadência (atmosfera marinha, decadência do sal, umidade crescente) fatores de decadência induzidos pelo homem (turismo, poluição atmosférica devido ao tráfego e aumento da temperatura e da umidade), a suscetibilidade dos materiais de construção locais (arenito poroso) e um sistema de planejamento de desenvolvimento urbano ineficiente (problemas de estabilidade de edifícios, instalações subterrâneas etc.). (KORKA, 2018, p. 5, tradução nossa)

Essa problemática mais geral ilustra as especificidades e a urgência em tematizar a questão do patrimônio face às mudanças climáticas não só na adesão ao compromisso da sustentabilidade, mas também aos objetivos de conservação, visto que as alterações climáticas incidem diretamente nas patologias e na degradação dos bens em sentido mais amplo. Essa breve revisão de literatura apresentou o avanço na discussão no contexto internacional, contudo, pontuar a abordagem genuína do patrimônio é sistematizar o que já se dispõe de reflexão no contexto brasileiro, bem como identificar eventuais lacunas no conhecimento.

1.2 PATRIMÔNIO ARQUITETÔNICO E MUDANÇAS CLIMÁTICAS – ESTUDOS BRASILEIROS

A tarefa de formular o estado da arte acerca do patrimônio face às estratégias de mitigação dos impactos das mudanças climáticas no Brasil envolveu um levantamento bibliográfico, por meio de busca eletrônica, com base em material já elaborado do período de 2000 a 2020. O processo contemplou como fontes secundárias livros e bancos de dados eletrônicos, a partir das seguintes bases: Scielo, Periódicos Capes e Google Acadêmico. Foram encontrados trinta artigos relacionados ao tema, dos quais nove tratam de regiões brasileiras e foram selecionados para compor a amostra. Foram excluídos artigos que não se adequaram ao tema proposto ou que o abordavam parcialmente, deixando de tratar da exata relação entre patrimônio arquitetônico, cidades brasileiras e mudanças climáticas.

Os termos (palavras-chave) utilizados para a busca refinada foram os seguintes: mudanças climáticas e patrimônio cultural, mudanças climáticas e cidades brasileiras; alterações climáticas e patrimônio cultural; clima e patrimônio cultural; conservação de bens culturais e mudanças climáticas; mudanças climáticas e análise de risco para sítios históricos; mitigação de impacto de mudanças climáticas e patrimônio cultural; eventos climáticos e patrimônio cultural, paisagens culturais e mudanças climáticas. Os termos e frases foram buscados com o uso da expressão AND, localizando mais de um termo na mesma referência. A partir da busca, alguns dos trabalhos foram selecionados como mais significativos para a amostra temática. Estes estão relacionados no Quadro 1.1.

Quadro 1.1 Informações descritivas dos estudos de revisão de literatura nacional

Autores	Palavras-chave	Ano de publicação	Base de dados	Local de estudo	Escala de abrangência: macro, meso, micro
ANDRADE	Deterioração; edificações históricas; fungos; mudanças climáticas; Vale Histórico Paulista	2016	Google Acadêmico	São Paulo	Meso
CAMPOS	Alterações climáticas; patrimônio cultural; valor	2017	Google Acadêmico	Brasil	Macro
COELHO	Patrimônio cultural; mudanças climáticas; Rio de Janeiro	2014	Google Acadêmico	Rio de Janeiro	Macro
KLUG; MARENGO; LUEDEMANN	Não faz uso de palavras-chave	2016	Google Acadêmico	Brasil	Macro
MEDEIROS; AFONSO	Espaço livres públicos; infraestrutura verde; Centro Histórico Tombado	2017	Google Acadêmico	Laguna	Meso
NOBRE *et al.*	Não faz uso de palavras-chave	2011	Google Acadêmico	São Paulo	Meso
PAULA	Turismo; mudanças climáticas; políticas; Brasil	2019	Google Acadêmico	Brasil	Macro
RIBEIRO	Não faz uso de palavras-chave	2008	Google Acadêmico	Brasil	Macro
ZANIRATO; RIBEIRO	Patrimônio cultural; mudanças climáticas; riscos.	2014	Google Acadêmico	Ouro Preto	Macro

O que se observa do Quadro 1.1 é que o grande tema do patrimônio em relação às mudanças climáticas é, de fato, recente: a maior parte dos trabalhos encontrados foi publicada na segunda década do século XXI. Na sequência, apresenta-se a tônica desses estudos e busca-se promover algumas reflexões e inferências que podem ser construídas a partir das ideias apresentadas pelos autores, a começar por Zanirato e Ribeiro (2014).

Zanirato e Ribeiro (2014) analisam em seu trabalho as mudanças climáticas no estado de Minas Gerais e as consequências delas para o patrimônio cultural. De maneira geral, os autores se debruçam sobre dados coletados desde o ano de 2007. O que é interessante perceber desse trabalho é que, muitas vezes, analisar os impactos das mudanças climáticas no patrimônio é um exercício que deve contemplar uma expansão da análise para além dos sítios, buscando compreender a indissociabilidade de fenômenos ocorrentes em diferentes regiões. O aumento do nível do mar, por exemplo, incide diretamente sobre o litoral brasileiro, podendo afetar vários sítios históricos na zona litorânea, acarretando inundações e erosões. Mas as alterações nas dinâmicas hídricas também podem influenciar o regime de chuvas, provocando um aumento da precipitação no Sudeste. Esse agravamento das chuvas pode levar a deslizamentos, inundações e, claro, perda de patrimônio cultural.

Os imprevistos nas localidades próximas a Ouro Preto (MG) não são novidade. Segundo o artigo, desde o início das construções, por volta dos séculos XVI e XVII, as casas já demandavam proteção contra desastres, visto que era necessário produzir muros de contenção próximo às residências. Uma especificidade dos assentamentos do período do ouro é que as construções geralmente eram feitas próximas aos rios, pois a mineração era o foco da economia local. Assim, o agravamento do cenário de chuvas e inundações impacta a salvaguarda dessas casas, uma vez que essas edificações não se encontram estruturadas para suportar uma intensificação do regime de cheias dos rios, podendo sucumbir face a deslizamentos e desmoronamentos.

Mais além, o que também se pode perceber pelo estudo de Zanirato e Ribeiro (2014) é que as mudanças climáticas não são o único fator motivador de sinistros capazes de levar ao colapso o patrimônio edificado. Práticas antrópicas inadequadas, como intervenções sobre os sítios e ações que demonstram uma falta de compromisso ambiental, por parte da própria população, trazem consequências igualmente trágicas à preservação do patrimônio. Segundo os autores:

> Os escorregamentos são atribuídos em boa parte às práticas inadequadas de construção, tais como cortes impróprios nos taludes, ocupação de antigos depósitos de mineração, deposição inadequada de lixo e resíduos de construção, esgoto e águas servidas sem canalizações, baixa qualidade das construções residenciais, entre outros. (ZANIRATO; RIBEIRO, 2014, p. 41)

Como ainda expõe os autores, por volta da década de 1970, ocorreram deslocamentos de terra consideráveis na região de Ouro Preto, chegando a aproximadamente 100 mil metros cúbicos. Esse cenário mais amplo leva a crer que, paralelamente ao comprometimento do corpo técnico que atua no planejamento da cidade, na fiscalização e na intervenção em centros históricos com o ideal de mitigação dos efeitos das mudanças climáticas, há que se pensar que a educação ambiental é uma ação que deve compor a agenda de proteção do patrimônio, no intento de conscientização acerca das consequências das práticas inadequadas da população no meio urbano.

As ações de planejamento devem se estruturar a partir de objetivos de curto, médio e longo prazo. Pode-se entender, nesse sentido, que prezar pela educação ambiental é uma ação urgente para que se possa contornar os processos de degradação que são promovidos em escala global. Pensar nessas metas se torna ainda mais relevante diante do que Coelho (2014) identifica a partir de uma análise bibliográfica. A autora analisa as mudanças climáticas no contexto do Rio de Janeiro e mostra, a partir de suas investigações, que, com as mudanças climáticas ocorrendo de forma cada vez mais acelerada, os eventos tendem a se tornar mais danosos, afetando a manutenção do patrimônio cultural.

As consequências consideradas mais nocivas estão ligadas à alteração de ciclos de chuvas, processos químicos, além de interferência biológica, fatores esses que podem prejudicar acervos arqueológicos, o patrimônio edificado cultural e construções próximas ao litoral. Algumas das decorrências observadas pela autora estão relacionadas com o aumento da umidade. Assim como identificado também em estudos internacionais, esse processo incide diretamente sobre obras arquitetônicas, pois estas se encontram mais ligadas ao solo e, muitas vezes, se estruturam a partir de materiais de constituição orgânica, como a madeira e as fibras vegetais, que são mais suscetíveis à degradação promovida pelas intempéries e pela severidade climática de um modo geral.

O aumento da temperatura e o acréscimo de radiação ultravioleta também são fenômenos que podem agravar os desafios de preservação do acervo arquitetônico. Em países tropicais, como o Brasil, o clima já favorece naturalmente a deterioração biológica, o que leva a inferir que o aumento das temperaturas e as mudanças nas dinâmicas hídricas podem suscitar ainda maiores patologias construtivas às edificações.

Assim como Zanirato e Ribeiro (2014), Coelho (2014) também se dedica a extrapolar as condicionantes físicas e biológicas para tematizar a relação da comunidade com o patrimônio cultural. As dinâmicas que se associam a um macrocontexto socioeconômico são desafios há muito enfrentados nas políticas de preservação, mas ganham contornos ainda mais complexos face às mudanças climáticas. A cultura e a história vivas, por meio das pessoas que habitam o território, constituem um pilar fundamental da preservação: é a cultura que une a imaterialidade ao patrimônio edificado, e nela também, muitas vezes, encontram-se os saberes que orientam as técnicas construtivas e o modo autóctone de edificar.

Em alguns casos, a pouca ativação econômica acaba por repercutir no encolhimento da população de determinados sítios históricos, como há muito se tem testemunhado nos burgos italianos ou em cidades coloniais do sertão brasileiro. A falta de oportunidades de formação, de acesso à renda e também de um ambiente favorável à livre-iniciativa levam jovens a deixar esses redutos e se dirigirem a outros centros urbanos para construir uma nova vida. Em outros casos, os processos de requalificação de centros históricos dissociados de políticas de segurança fundiária tornam inviáveis a permanência da população original, seja devido ao aumento do valor da terra, seja pela instabilidade da habitação em condições de inquilinato, para mencionar alguns casos.

Essas circunstâncias, já amplamente conhecidas entre os desafios de manutenção dos povos e culturas tradicionais no território, levam a que se reflita, ainda mais, sobre o quanto "a estabilidade do patrimônio cultural está relacionada às interações com o ambiente ao seu redor" (COELHO, 2014, p. 97). Quando se pensa, portanto, na relação do patrimônio com paisagens produtivas, por exemplo, vislumbram-se outros alertas com relação às mudanças climáticas. As transformações nas dinâmicas hídricas, severidades climáticas, entre tantos aspectos, podem alterar os modos (e até mesmo a viabilidade) de cultivo, do fazer artesanal, das nuances gastronômicas, ou seja, de várias dimensões que compõem a imaterialidade do patrimônio. Mais além, os fluxos migratórios provocados pela insustentabilidade da permanência no território face ao agravamento de intempéries, inundações, ciclos de chuva e de aridez acentuados podem resultar no total abandono dos sítios históricos afetados.

Essas são inferências e reflexões possíveis a partir da leitura de Coelho (2014), no esforço de tematizar a proteção do patrimônio em relação aos efeitos das mudanças climáticas em sentido mais amplo. Todavia, a autora também desenvolve uma síntese detalhada dos indicadores de mudanças climáticas e de seus desdobramentos no abalo do patrimônio cultural.

Eventos climáticos relacionados à umidade podem afetar, por exemplo, sítios arqueológicos e paredes porosas de prédios históricos. Além disso, os sais presentes nas chuvas, que alteram seu pH, também podem prejudicar pinturas e estruturas, entre outros componentes construtivos das obras. Esses fatores em conjunto, somados às irregularidades do regime hídrico, também podem acentuar processos erosivos no solo, intensificar ações biológicas nas arquiteturas, além de promover a corrosão, quebra e/ou rachaduras de materiais e superfícies.

O aumento da temperatura global, um segundo indicador de mudança climática elencado por Coelho (2014), pode impactar as fachadas de edifícios históricos e acentuar o degelo de zonas glaciais, aumentando o nível do mar e abalando sítios costeiros. Outro fator para o qual se deve atentar, segundo a autora, é a transformação de usos e até mesmo estratégias de climatização inapropriadas para a arquitetura, que podem repercutir em variações drásticas da temperatura interna das edificações, sensibilizando sua estrutura.

A elevação do nível do mar, atrelada ao aumento da temperatura, também é um indicador designado por Coelho (2014). Ela afeta primordialmente áreas costeiras, provocando o alagamento e podendo levar ao colapso das edificações, o que, em ambos os casos, pode acarretar a evacuação das comunidades tradicionais.

Os ventos também são detalhados no rol de indicadores de Coelho (2014). Estes, quando muito fortes, podem ser prejudiciais em regiões áridas, levando até mesmo a tempestades de areia que podem soterrar, inclusive, edificações e sítios históricos. Os ventos também podem enfraquecer a estrutura de obras, seja pelo impacto que promovem, seja pelos minerais que transportam e que podem deteriorar materiais. Nessa mesma linha temática, Coelho (2014) ainda chama atenção para o processo de desertificação, que diminui a oferta de água nos lençóis freáticos, acarreta a erosão do solo e se desenvolve em paralelo ao aumento da temperatura, todos esses processos que podem levar ao abandono do território.

Como comenta Coelho (2014), países de clima tropical estão mais propensos a enfrentar o problema da deterioração biológica. Em sua dissertação de mestrado, Andrade (2016) se aprofunda nesse tema por meio de estudos das ações de fatores biológicos nas estruturas de patrimônio do Vale Histórico Paulista. O autor evidencia que agentes da ordem dos isópteros, os conhecidos cupins, são os que mais debilitam materiais naturais como a madeira. No caso de seu contexto de análise, em que esse material é amplamente utilizado nas edificações históricas, o agravamento dos processos biológicos se torna ainda mais pernicioso face às mudanças climáticas. Isso ocorre porque os isópteros e outros micro-organismos, como os fungos, além de deteriorar diversos materiais, encontram ambiente adequado ao seu desenvolvimento em circunstâncias como o aumento da temperatura e do teor de umidade. Isso pode levar a perdas estruturais profundas no decorrer do tempo e também a perdas estéticas, que não são menos importantes, pois colocam em risco registros de uma história escrita por meio da ornamentação e/ou pintura.

O autor destaca também outros fatores que podem levar a danos nas construções:

> [...] já foram enumerados a erosão física e química associada com as precipitações e/ou aumento de poluentes químicos no ar, como SO_2; a eflorescência de sais solúveis em paredes de materiais porosos; os desgastes mecânicos a ciclos de umidificação/desumidificação ou aquecimento/congelamento – sem contar com os desastres de grandes proporções, como enchentes, deslizamentos, incêndios relacionados com incidência de raios, também decorrentes de alterações climáticas. (ANDRADE, 2016, p. 37)

Andrade (2016) relata em seu trabalho que, na Inglaterra, foram desenvolvidos estudos, no início do século XXI, acerca do aumento de insetos danosos ao patrimônio edificado, relacionando-o ao aumento da temperatura. Mencionando, também, dados obtidos do Museu da Arte Sacra de Salvador (BA), Andrade (2016) chama atenção para os diferentes tipos de cupins que se associam a ambientes diferenciados, como o cupim-de-madeira-seca, cupins de solo e cupins arborícolas. As mudanças climáticas, a depender de onde impactam, podem favorecer a reprodução dessas diferentes espécies.

Por essa e outras razões, eventos extremos de mudanças climáticas sempre serão um grande problema para a conservação de edifícios, principalmente os históricos (KLUG; MARENGO; LUEDEMANN, 2016). Devido à extensão territorial do país, tais eventos extremos ocorrem de diferentes modos nas cinco regiões brasileiras. O Rio de Janeiro, por exemplo, localizado no Sudeste brasileiro, já há algumas décadas sofre com as mudanças climáticas, principalmente a alteração na quantidade de chuvas, que agrava deslizamentos de terra e enchentes. Um fator específico que levou a esse estado de calamidade foi a implantação das edificações em locais irregulares e pouco propícios a elas, como leitos de rios e encostas (COELHO, 2014).

Na Região Metropolitana de São Paulo (RMSP) os indicativos não são muito diferentes dos já discutidos anteriormente. Nobre *et al.* (2011) expõem dados que demonstram como futuramente a cidade pode se comportar com o crescimento populacional acelerado, registrando que alterações climáticas serão visíveis e repercutirão na região como um todo, uma vez que a metrópole não conta nem com infraestrutura, nem com um plano de gestão adequados a esses eventos climáticos. O autor evidencia que "[...] intervenções desconexas com intensa verticalização, compactação e impermeabilização do solo, supressão de vegetação e cursos d'água" (NOBRE *et al.*, 2011, p. 236) são ações que não só impactam o meio ambiente, mas também diminuem a sua capacidade de resiliência face aos impactos das mudanças climáticas.

Pensar que as duas principais metrópoles nacionais, Rio de Janeiro e São Paulo, não contam nem mesmo com um planejamento orientado à mitigação dos efeitos das mudanças climáticas é motivo de preocupação, mas, segundo os dados apresentados por Ribeiro (2008), esse é também um cenário compreensível. Para o autor, o conhecimento das mudanças climáticas no Brasil sofre com a pouca informação disponível. Além disso, os riscos são mostrados a partir de incertezas e indeterminações, ou seja, há poucos estudos que demonstram evidências de que há a possibilidade de ocorrer um desastre devido às alterações climáticas. Essa lacuna investigativa também gera incertezas em relação às causas das mudanças e eventos, o que retira a assertividade da intervenção nos meios urbanos com vistas à resiliência.

Na realidade de países em desenvolvimento, como o Brasil, esse cenário é ainda mais complexo: se não há um planejamento responsivo às questões urbanas e sociais já reconhecidas no território citadino, como o conceber diante de um futuro incerto? Como bem pontua Ribeiro (2008), o modo de ocupação dos grandes centros brasileiros, movido pelas assimetrias sociais, incide diretamente sobre as áreas mais vulneráveis do ponto de vista ambiental: é comum no universo da população de baixa renda a habitação em áreas de risco, como fundos de vale, encostas, margens de cursos hídricos.

Considerando a cidade como um grande sistema, o que se pode afirmar é que, mesmo não sendo essas ocupações irregulares circunvizinhas ou próximas a zonas de interesse de preservação nos grandes centros, os impactos que promovem nos meios naturais podem se desdobrar em ações perniciosas às zonas preservadas. A intervenção em cursos hídricos, por exemplo, seja alterando a morfologia de seu curso, seja impermeabilizando suas margens, pode levar a alterações em sua dinâmica de vazão, impactando áreas até mesmo longínquas à da ação original.

Para além das mazelas já reconhecidas nos meios urbanos brasileiros, Ribeiro (2008) também toca em um ponto comum às reflexões de outros autores: o aumento de temperatura pode acarretar a presença de insetos nos centros urbanos e um aumento de chuvas intensas, ambas circunstâncias perniciosas para a preservação do patrimônio. No entanto, o autor caminha para um viés propositivo, chamando atenção para a necessidade de promover medidas de arborização e verdejamento urbano como uma forma de amenizar esses problemas.

Campos (2017) pontua que as alterações climáticas causam deterioração nos bens culturais e patrimoniais mais vulneráveis, levando a grandes perdas na perpetuação do conhecimento. Apesar disso, há poucas ações do órgão institucional responsável pela salvaguarda do patrimônio cultural brasileiro para tratar das questões relacionadas aos impactos das alterações climáticas. A autora cita três eventos recentes no Brasil que causaram estragos no patrimônio cultural: a destruição do centro histórico de São Luiz do Paraitinga (SP) por chuvas torrenciais em 2010; a ameaça do centro histórico de Goiânia (GO) e da documentação histórica da UnB (DF) por fortes chuvas em 2011; a destruição do Museu de São Miguel das Missões (RS) por um tornado em 2016.

É interessante perceber que, em outro trabalho, apresentado por Medeiros e Afonso (2017), as estratégias de verdejamento também são identificadas como uma ação eficiente na gestão de alguns impactos promovidos pelas mudanças climáticas. Atendo-se aos alagamentos na cidade histórica de Laguna, em Santa Catarina, os autores apontaram que o uso de infraestrutura verde nos espaços públicos da cidade era uma ótima oportunidade de drenar a água concentrada em dias de chuva. Além disso, poderia favorecer a construção de uma paisagem mais convidativa e diminuir pequenos traços de poluição na região.

A gestão hídrica, de fato, é um tema recorrente em diversos trabalhos contemplados neste estado da arte. Ribeiro (2008) é mais um autor que confere destaque em seu texto para o aumento do nível do mar, o qual pode afetar diversas construções costeiras, como as palafitas, ou até mesmo indústrias na região litorânea de São Paulo, por exemplo.

O que é interessante perceber é que, à parte a tematização de quão prejudiciais podem ser os impactos das mudanças climáticas no patrimônio, cabe também refletir sobre o quanto a derrocada deste também retroalimenta um ciclo de agravos e degeneração da biosfera e dos ecossistemas naturais. Em nota, o Icomos (2019) enfatiza que ofertar novos usos a edifícios históricos é um ensejo para apaziguar as emissões de carbono que seriam geradas pelas novas obras que os substituíssem. Ademais, propõe a disseminação de informação sobre a importância do patrimônio cultural nas localidades onde se situam, de modo a mostrar sua relevância cultural e criar uma sociedade mais resiliente. Nesse sentido, é preciso pontuar que a valorização do patrimônio no meio urbano também passa pelo endosso à referência de comunidade e, mais do que isso, à criação de um ambiente urbano no qual as necessidades da população são atendidas e que permita tanto a diminuição de sua pegada ecológica como a criação de um ambiente vibrante e economicamente ativo.

Pelo viés da ativação econômica, em seu trabalho de conclusão de curso, Paula (2019) aponta os principais impactos causados pelas mudanças climáticas no setor do turismo brasileiro, uma atividade que recorrentemente se associa ao patrimônio cultural. Ela chama atenção para a necessidade de refrigeração ou aquecimento de ambientes; erosões costeiras que prejudicam construções próximas; desertificação; incêndios; inundações; perdas de sítios arqueológicos, entre outros aspectos, relacionando essas circunstâncias ao aumento de temperatura, elevação do nível do mar, baixa precipitação em alguns pontos e alta em outros, além da poluição do ar. Destaca, ainda, os altos custos para reparar sítios históricos ou edificações após os estragos, que afetam o turismo da região e, consequentemente, até mesmo a viabilidade de conservação de prédios históricos locais.

Segundo Paula (2019), há algumas agências fiscalizadoras no Brasil que são aptas a averiguar as condições climáticas e seus impactos no meio ambiente. Ademais, grande importância tem a Política Nacional do Meio Ambiente (PNMA) e o Plano Nacional sobre Mudança do Clima, que conferem diretrizes para a supervisão dos impactos e licenciamentos ambientais, manutenção dos meios naturais, incentivo ao uso de tecnologias que beneficiem o ambiente, entre outros aspectos. O que se pode inferir desse contexto é que, de algum modo, as políticas de preservação talvez tenham de se alinhar ao aparato normativo e legal relacionado ao meio ambiente e às mudanças climáticas, promovendo o fortalecimento mútuo de ambas as políticas setoriais.

O que se observa dessa breve revisão de literatura é que o tema das mudanças climáticas relacionado ao patrimônio pode envolver diferentes escalas, dimensões e circunstâncias de estudo. Por vezes, há uma recorrência na tematização de alguns vieses, por exemplo, a ênfase nos fenômenos climáticos e agentes biológicos, que foram objetos de vários trabalhos. No entanto, mesmo diante das sobreposições, os temas contemplados ainda permitiram a inferência de variadas circunstâncias de interesse reflexivo e até mesmo propositivo, em alguns casos. A seguir, promove-se um avanço nessas considerações, buscando desvelar horizontes e lacunas identificados a partir desse estado da arte.

1.3 HORIZONTES E LACUNAS IDENTIFICADOS A PARTIR DO ESTADO DA ARTE

Como pontuam Klug, Marengo e Luedemann (2016), há organizações brasileiras responsáveis pela observação e orientação quanto a fenômenos relacionados ao processo de mudanças climáticas. Algumas delas são:

a) O Centro Nacional de Monitoramento e Alertas de Desastres Naturais (Cemaden), criado por volta de 2011, cuja atribuição é inspecionar e desenvolver mecanismos de alarme para evitar desastres naturais e possíveis mortes.

b) O Instituto Nacional de Pesquisas Espaciais (Inpe, órgão do Ministério da Ciência, Tecnologia e Inovações), que tem por incumbência averiguar os parâmetros de mudanças climáticas no Brasil.

c) O Ministério do Meio Ambiente (MMA), que confere visibilidade ao Plano Nacional de Adaptação à Mudança do Clima (PNA).

A interdisciplinaridade entre as ações e objetivos de preservação e os postulados dessas referidas instituições é primordial para o debate sobre a resiliência do patrimônio às mudanças climáticas. O que se infere dos estudos apresentados anteriormente é que o engajamento das entidades de planejamento, fiscalização e intervenção nos meios urbanos, tanto nas instâncias participativas concernentes a essas políticas setoriais como também no comprometimento com seus marcos regulatórios, é imprescindível para o êxito do duplo objetivo de promover a resiliência do patrimônio e salvaguardar sua integridade.

Investir no planejamento do meio urbano e na prevenção dos impactos é sempre uma decisão acertada para remediar as catástrofes que decorrem da ausência de esforços nesse sentido. Ainda, como visto na exposição do estado da arte, a recuperação do patrimônio pode ficar impossibilitada a depender dos danos sofridos.

Vale notar que a gestão compactuada do patrimônio e dos objetivos de resiliência aos impactos das mudanças climáticas pode levar a novos paradigmas de estudo, objetivos e intervenção. Contudo, ainda reside no bom planejamento a chave para iniciarmos uma transição na forma de focalizar a preservação nesse novo contexto ambiental, pois o

> [...] processo de planejamento urbano participativo, gestão democrática, moradia adequada, serviços de saneamento básico, além de um sistema viário de qualidade e serviços de proteção e defesa civil, são inerentemente mais resilientes à maioria dos impactos das mudanças do clima. (KLUG; MARENGO; LUEDEMANN, 2016, p. 12)

Trabalhar os estudos com base em evidências e desenvolver a prática da simulação ambiental, relacionada aos objetivos de preservação, são pontos cruciais para transitar a um novo paradigma. Os horizontes para as mudanças climáticas já se encontram em construção: ao estudar projeções futuras, Zanirato e Ribeiro (2014) entendem que há um possível aumento de temperatura (0,5 °C e 1 °C) até o ano de 2040, além de um aumento nas zonas de chuvas pelo Brasil. Embora esses números pareçam pequenos, já neste momento são apreensíveis as fortes ondas de calor e os períodos de estiagem e chuvas excessivas. Com o aumento dos dois indicadores, pode-se vislumbrar o agravo de várias circunstâncias perniciosas para a preservação, como visto no estado da arte.

Nesse sentido, Ribeiro (2008) propõe que a melhor saída é evitar os desastres relacionados às mudanças climáticas por meio de uma análise minuciosa de cada situação de risco, uma vez que a maior parte delas envolve diretamente vidas humanas. O autor preconiza que, quando se trata de desastres relacionados às mudanças climáticas, todo o esforço em amenizar a burocracia deve ser envidado, uma vez que processos longos podem ser ainda mais prejudiciais ao agravamento da situação. Cabe aos respectivos governos, municipais, estaduais e federais, priorizar medidas de prevenção ou ações imediatas após estragos em construções, sejam elas históricas ou não. Além disso, a construção de uma agenda conjunta de políticas ambientais e de preservação também poderia se constituir numa ação estratégica para tornar o processo mais assertivo e objetivo no alcance aos fins comuns.

Ainda que se abordem as macropolíticas num sentido mais amplo, e que ao longo do processo de análise do referencial teórico tenha sido possível inferir desdobramentos das mudanças climáticas para a abordagem do patrimônio em escala regional e urbana, o que se observa é que a maior parte dos estudos se detém em tratar das problemáticas das mudanças climáticas e seus desdobramentos para a preservação numa ótica ainda muito focada nas edificações e em suas patologias e riscos de colapso. É evidente que essa é uma matéria emergencial, mas não se pode desconsiderar a perspectiva da paisagem e dos conjuntos urbanos preservados.

Alguns trabalhos, como Medeiros e Afonso (2017), tangenciam a questão urbana e processos de intervenção na escala da paisagem com a adoção de infraestrutura verde. Quando questões como a regeneração da biosfera e a resiliência às mudanças climáticas são abordadas no debate contemporâneo do urbanismo, é consensual que os projetos que conferem importância ao espaço livre público, com enfoque na implantação de ações como agricultura urbana e verdejamento, mostram-se mais efetivos em melhorar o desempenho ecológico (LASOCHA *et al.*, 2017, p. 8).

No entanto, há que se pontuar que estratégias bem-vindas ao desempenho ambiental dos contextos urbanos podem, a depender dos estatutos de preservação de uma paisagem urbana, implicar em sua degeneração. Assim, foram exploradas, ao longo deste capítulo, questões que passam pelo colapso da paisagem mediante o impactos dos fenômenos naturais, expondo, também, a preocupação com o esvaziamento populacional de centros tradicionais ou sítios históricos e tematizando os limites de intervenção com vistas ao desempenho ecológico em contextos de interesse de preservação. O que se pode antever, em relação à multiplicidade e à complexidade das circunstâncias exploradas ao longo deste capítulo, é que a discussão acerca de uma política patrimonial direcionada a fins de resiliência e sustentabilidade é um exercício multiescalar e que deve se pautar numa abordagem sensível e particularizada a cada contexto.

1.4 CONSIDERAÇÕES FINAIS

Ao longo deste capítulo foram apresentados, de modo exploratório, múltiplos horizontes para se pensar a ação associada de preservação do patrimônio e resiliência aos impactos promovidos pelas mudanças climáticas. Como vimos na introdução deste texto, o que diferencia a era contemporânea em sua relação com a natureza é que a cidade já não é mais vista como algoz da preservação ambiental, mas, sim, como o campo oportuno e profícuo para promover a transição à sustentabilidade. Isso se deve ao fato de que nas cidades estão concentradas as atividades e a história humana, além de serem elas o ambiente do crescimento populacional, do desenvolvimento econômico e de infraestrutura (THOMSON, 2016, p. 43). A revisão de literatura desenvolvida ao longo deste capítulo também permite compreender que nas cidades se encontram diferentes realidades e pontos de alavancagem mais eficazes à maximização do potencial de transição à sustentabilidade.

O que vale ressaltar é que alcançar esse intento, como pontua Thomson (2016, p. 43), envolve tematizar os meios urbanos em três escalas: macro, meso e micro. A escala macro é a que abrange toda a área urbana ou a grande parcela de uma região. Depara-se com essa escala quando se compreende que os fenômenos relacionados às mudanças climáticas possuem dinâmicas regionais ou que extrapolam o território. Também se percebe que a tematização do patrimônio com objetivos de resiliência envolve mensurar a pegada ecológica da comunidade envolvida, o que leva à expansão de estudos e proposições para além do sítio histórico, contemplando as suas relações com o todo. Há que se considerar também que grande parte das mazelas urbanas das cidades brasileiras mencionadas neste capítulo se deve à insuficiência e à falta de rigor de ações nessa escala, na qual se desenvolvem o planejamento territorial, o uso e a ocupação do solo e as iniciativas em prol da mobilidade.

O maior estímulo para a tematização do patrimônio com vistas a um projeto de resiliência é compreender que está na escala intermediária, ou escala meso (que comporta os sítios históricos, os conjuntos urbanos e a paisagem), a transição mais realista a um modelo de sustentabilidade, como afirma Thomson (2016, p. 44). Nessa escala, o planejamento envolve os edifícios, o espaço livre, todas as ações necessárias para o aprimoramento da infraestrutura e a qualidade do ambiente construído. A resiliência do patrimônio é mais forte quando as ações estratégicas pensadas para o edifício encontram ressonância no meio urbano que o abriga. Mas é importante frisar que essa abordagem, ainda assim, dá-se por meios holísticos e de modo integrado, procurando entender tanto a diversidade de ambiências que reside num território como a sua relação com as vizinhanças (THOMSON, 2016, p. 45).

Por fim, a abordagem do patrimônio com fins de resiliência aos impactos promovidos pelas mudanças climáticas também se desenvolve na escala micro, que envolve as parcelas individuais do espaço urbano: o lote, a praça ou o edifício. Apesar desta ser a menor escala, é ela que fornece o maior controle sobre o resultado final e ganhos efetivos da intervenção (THOMSON, 2016, p. 46). Mas o que se deve ter em mente é que, independentemente da escala, a complexidade da associação dos objetivos de resiliência aos de preservação induz a uma transição de métodos e possibilidades de análise, simulação e proposição dos meios tradicionais para os informacionais, com o amplo uso da tecnologia.

O uso de ferramentas computacionais, como modelagem e simulações, prevendo cenários multirrisco em diferentes escalas e contextos, avaliando quantitativa e qualitativamente os mais diversos indicadores de vulnerabilidade e sustentabilidade, é uma possível estratégia de grande utilidade para auxiliar na preservação do patrimônio frente à necessidade de adaptação às mudanças climáticas.

O projeto Noah's Ark, de 2007, citado por Zanirato (2010), por exemplo, fez uso da modelagem para avaliar a vibração causada pelo vento e prever medidas de contenção desses eventos, além de procurar estimar a resposta das estruturas para a eventual contenção de danos sugerida pelo estudo, principalmente por chuvas intensas e inundações, que provocam deslizamentos e favorecem a desintegração de materiais utilizados nas construções de valor patrimonial.

Nesse campo, é de suma importância o desenvolvimento e a alimentação de uma base de dados de índices ambientais, como parâmetros meteorológicos e climáticos a partir do monitoramento contínuo das regiões brasileiras, que possa servir para uma análise que relacione adequadamente os danos patrimoniais com as mudanças no clima.

A integração em uma plataforma colaborativa de tecnologias de levantamento híbridas, como escaneamento 3D a laser e fotogrametria, a partir da modelagem HBIM (*heritage building information modeling*),[1] com a automatização de tarefas, tem o potencial de auxiliar na gestão e na preservação do patrimônio arquitetônico. Tais tecnologias são capazes de produzir inventários patrimoniais precisos, incluindo dados históricos e o diagnóstico de patologias e danos, além de uma documentação adequada quanto ao estado de conservação e características físico-estruturais da edificação. Esses recursos informacionais, capazes de sistematizar e disponibilizar uma ampla gama de dados sobre o patrimônio edificado, confrontados com as informações de monitoramento ambiental regional, favorecem a visualização de cenários e o planejamento para mitigar os efeitos das mudanças climáticas sobre os monumentos históricos.

Ademais, como possibilidade de integrar o modelo digital ao objeto físico – com conectividade das redes, o monitoramento e transmissão de dados em tempo real –, cita-se o potencial da Internet das Coisas (*internet of things* – IoT), para medir variáveis ambientais e mapear deteriorações que acometem a estrutura ou suporte dos bens patrimoniais. O uso de tais recursos, inclusive, é destaque no plano de ação do comitê brasileiro do Icomos Mudanças Climáticas e Patrimônio, que planeja a elaboração de uma plataforma digital que permita os diálogos entre pesquisadores no Brasil sobre temas correlatos às mudanças climáticas e ao patrimônio (ICOMOS BRASIL, 2015), o que sinaliza um passo promissor para a superação da ausência de dados que impedem uma ação mais assertiva nos sítios históricos e seus respectivos contextos urbanos.

REFERÊNCIAS

ANDRADE, Felipe Sousa Neves. *Estudo do impacto potencial das mudanças climáticas na biodeterioração de estruturas de madeiras no patrimônio cultural edificado do Vale Histórico Paulista.* 2016. Dissertação (Mestrado em Ciências) – Escola de Artes, Ciências e Humanidades, Universidade de São Paulo, São Paulo, 2016. Disponível em: https://www.teses.usp.br/teses/disponiveis/100/100134/tde-22082016-112924/en.php. Acesso em: 3 out. 2020.

BONAZZA, Alessandra. Cultural heritage in the italian strategy for adaptation to climate change. *In*: LEFÈVRE, Roger-Alexandre; SABBIONI, Cristina (eds.). *Cultural heritage facing climate change: experiences and ideas for resilience and adaptation.* Bari: Centro Universitario Europeo Per I Beni Culturali, 2018. p. 9-14. Disponível em: https://rm.coe.int/bonazza-offprints/16808b1651. Acesso em: 5 out. 2020.

CASSAR, May. *Climate change and the historic environment.* Centre for Sustainable Heritage, University College London, 2005. Disponível em: https://discovery.ucl.ac.uk/id/eprint/2082/1/2082.pdf. Acesso em: 4 out. 2020.

CAMPOS, Luana. Alterações climáticas como risco ao patrimônio cultural no Brasil. *In*: SIMPÓSIO CIENTÍFICO ICOMOS BRASIL, 1., 2017, Belo Horizonte.

[1] Ou modelagem da informação das construções históricas.

Disponível em: https://www.academia.edu/38199821/ALTERA%C3%87%C3%95ES_CLIM%C3%81TICAS_COMO_RISCO_AO_PATRIM%C3%94NIO_CULTURAL_NO_BRASIL. Acesso em: 2 mar. 2021.

COLETTE, Augustín. *Estudios de caso: cambio climático y patrimonio mundial*. Centro del Patrimonio Mundial de la Unesco, 2009. Disponível em: https://whc.unesco.org/document/102380. Acesso em: 31 ago. 2020.

COLETTE, Augustín. *Estudos de caso sobre mudança climática e patrimônio mundial*. Unesco, 2007. Disponível em: http://whc.unesco.org/en/activities/473. Acesso em: 4 out. 2020.

COELHO, Carla Maria Teixeira. Mudanças climáticas e patrimônio cultural: elementos para a construção de cenários para a cidade do Rio de Janeiro. *Cadernos Proarq 22*, Rio de Janeiro, v. 1, n. 22, p. 73-90, 22 jul. 2014. Disponível em: https://cadernos.proarq.fau.ufrj.br/public/docs/cadernosproarq22.pdf. Acesso em: 14 out. 2020.

HUERTOS, Emilio Galán; GONZÁLEZ, José Bernabé; RUIZ, Rosa M. Ávila. La aplicación de la evaluación de impacto ambiental en el patrimonio monumental y el desarrollo sostenible de las ciudades. *Revista de Enseñanza Universitaria*, n. 1, p. 123-140, 2006. Disponível em: http://institucional.us.es/revistas/universitaria/extra2006/art_5.pdf. Acesso em: 3 out. 2020.

ICOMOS. El futuro de nuestros pasados. 2019. Nota de Imprensa. Disponível em: https://www.icomos.org/images/DOCUMENTS/Working_Groups/CCH/ICOMOS_nota_de_prensa_Esp.docx. Acesso em: 3 out. 2020.

ICOMOS BRASIL (Brasil). Quem somos. 2015. Disponível em: https://www.icomos.org.br/hist-ria-qvreh. Acesso em: 7 nov. 2020.

KORKA, Elena. Natural disasters and risks in world heritage monuments of Greece. Lessons learnt. *In*: LEFÈVRE, Roger-Alexandre; SABBIONI, Cristina (eds.). *Cultural heritage facing climate change: Experiences and ideas for resilience and adaptation*. Bari: Centro Universitario Europeo Per I Beni Culturali, 2018. p. 75-79. Disponível em: https://rm.coe.int/korka-offprints/16808b1676. Acesso em: 6 out. 2020.

KLUG, Letícia; MARENGO, José A.; LUEDEMANN, Gustavo. Mudanças climáticas e os desafios brasileiros para implementação da nova agenda urbana. 2016. Disponível em: http://repositorio.ipea.gov.br/bitstream/11058/9184/1/Mudan%C3%A7as%20clim%C3%A1ticas.pdf. Acesso em: 3 out. 2020.

LASOCHA Allison. *et al. Ecosystemic urbanism at UBC*. Report. The University of British Columbia, 2017.

MEDEIROS, Claudione Fernandes; AFONSO, Sônia. Espaços livres públicos: utilização de infraestrutura verde para otimizar a drenagem urbana nos centros históricos tombados. *Paisagem e Ambiente*, n. 39, p. 83-111, 2017. Disponível em: http://www.periodicos.usp.br/paam/article/view/111593. Acesso em: 3 out. 2020.

NOBRE, Carlos Afonso *et al*. Vulnerabilidades das megacidades brasileiras às mudanças climáticas: região metropolitana de São Paulo. *In*: MOTTA, R. S. da. *et al*.

(eds.). *Mudança do clima no Brasil: aspectos econômicos, sociais e regulatórios*. Brasília: Ipea, 2011. p. 233-260. (cap. 13). Disponível em: https://www.ipea.gov.br/portal/images/stories/PDFs/livros/livros/livro_mudancadoclima_port.pdf. Acesso em: 3 out. 2020

PAULA, Camila Bellini. *As mudanças climáticas no desenvolvimento da atividade turística no Brasil*. 2019. TCC (Bacharelado em Turismo) – Universidade de Brasília, Brasília, 2019. Disponível em: https://bdm.unb.br/handle/10483/23837. Acesso em: 10 nov. 2020.

RIBEIRO, Wagner Costa. Impactos das mudanças climáticas em cidades no Brasil. *Parcerias Estratégicas*, Brasília, n. 27, p. 297-321, dez. 2008. Disponível em: http://seer.cgee.org.br/index.php/parcerias_estrategicas/article/viewFile/335/329. Acesso em: 10 nov. 2020.

SAETTONE, María A. *Las tesinas de Belgrano*. Buenos Aires: Facultad de Arquitectura y Urbanismo, 2002.

TEIXEIRA, Paula Maria Magalhães. *A paisagem como elemento de sustentabilidade do vale do Ribeirão da Prata*. 2007. Dissertação (Mestrado em Urbanismo) – Pontifícia Universidade Católica de Campinas, Campinas, 2007.

THOMSON, Giles R. *Transitioning to regenerative urbanism*. 2016. Tese (Doutorado) – Curtin University Sustainability Policy Institute, Curtin, 2016.

ZANIRATO, Silvia Helena. A conservação do patrimônio natural e cultural diante das mudanças climáticas. *Conservar Património*, Lisboa (Portugal), n. 10, p. 69-77, 10 dez. 2009. Disponível em: https://www.redalyc.org/pdf/5136/513653435006.pdf. Acesso em: 31 out. 2020.

ZANIRATO, Silvia Helena. Experiências de prevenção de riscos ao patrimônio cultural da humanidade. *Ambient. Soc.*, v. 13, n. 1 p. 151-164, 2010. Disponível em: http://www.scielo.br/scielo.php?script=sci_arttext&pid=S1414-753X2010000100010&lng=pt&nrm=iso. Acesso em: 27 dez. 2022. ISSN 1414-753X.

ZANIRATO, Sílvia Helena; RIBEIRO, Wagner Costa. Mudanças climáticas e risco ao patrimônio cultural em Ouro Preto – MG – Brasil. *Confins*, n. 21, 19 out. 2014. Disponível em: https://journals.openedition.org/confins/9673#quotation. Acesso em: 31 out. 2020.

CAPÍTULO 2

Urbanismo regenerativo: planejamento ambiental para a resiliência no contexto da crise climática

Caio Frederico e Silva

Thiago Montenegro Góes

Erich Wolff

2.1 REPLANEJANDO AS CIDADES COM A NATUREZA

É urgente a necessidade de reinventar as formas de planejamento urbano, uma vez que se estima que 70% da população mundial viverá nos centros urbanos, sobretudo, nas metrópoles, até 2050 (UNITED NATIONS, 2015). Precisamos replanejar as cidades para o século XXI, que é agravado pelas crises climáticas, sanitárias, energéticas, hídricas e de combustíveis fósseis. Nesse sentido, defende-se o planejamento urbano ambiental integrado, em sintonia com a Agenda 2030 global, que vise minimizar os impactos causados pela superpopulação, crescimento urbano desenfreado e consumo predatório, propondo tornar as cidades habitáveis, saudáveis, seguras e sustentáveis.

A discussão da qualidade do ambiente urbano abre espaço para temas multidisciplinares de estudos sobre os efeitos advindos da expansão urbana, como as emissões de poluentes e calor, a redução da cobertura natural do solo, seu uso e ocupação, sobre o clima local (OKE, 1987; GARTLAND, 2010; SANTAMOURIS; CARTALIS; SYNNEFA, 2015).

A substituição da camada natural do solo, geralmente por materiais de baixa permeabilidade e alta capacidade de acumulação térmica, tem implicações significativas na temperatura superficial da malha urbana, contribuindo para a ocorrência de anomalias relacionadas ao clima (LOMBARDO, 1985 *apud* RIBEIRO, 2008). Em contrapartida, é inevitável que os centros urbanos já consolidados busquem requalificar suas áreas e projetar novos espaços mais aprazíveis.

A cidade é temática inequívoca de fronteiras interdisciplinares. Nesse sentido, a discussão da qualidade do ambiente urbano abre espaço para temas multidisciplinares de estudos sobre os efeitos advindos da expansão urbana, como as emissões de poluentes e calor, sequestro de carbono, redução da cobertura natural do solo, seu uso e ocupação, sobre o clima local (HIEN; JUSUF, 2016; SHAFIQUE; XUE; LUO, 2020; STEWART; OKE, 2012), suas repercussões no processo de governança ambiental urbana (CAPON; SYNNOTT; HOLLIDAY, 2009).

Muitos dos problemas causados pelo processo de urbanização estão fortemente relacionados ao clima e ao conforto térmico do ambiente construído. A abordagem de análise do desempenho climático dos espaços urbanos é amparada por diversas pesquisas, nas quais a relação entre clima e homem e as estratégias de desenho urbano são encaradas como aliadas ao ganho de conforto ambiental desde os estudos mais clássicos (GIVONI, 1992; OLGYAY, 2015).

O crescimento da urbanização e, consequentemente, do espaço construído impactou diretamente o clima urbano (HIEN; JUSUF, 2016). Nas cidades, a substituição da camada natural do solo por materiais de baixa permeabilidade e alta capacidade de acumulação térmica tem implicações significativas na temperatura superficial da malha urbana, contribuindo para a ocorrência de anomalias relacionadas ao clima (BATTISTI *et al.*, 2018). O relatório da Organização Mundial de Meteorologia (OMM) de 1977 afirmava que o clima local é afetado por emissões térmicas diretas das áreas urbanas e industriais. Esse relatório foi construído a partir de uma abordaram do clima urbano, realizada segundo uma concepção geográfica, dentro da lógica da climatologia urbana (STEWART; OKE, 2012).

A climatologia urbana é o ramo da ciência dedicado aos estudos do clima urbano, com grande aplicabilidade no desenvolvimento de pesquisas das áreas da arquitetura e do urbanismo. O urbanista tem interesse específico no clima que se processa no espaço urbanizado, que é aquele que se identifica a partir do sítio, constituinte do núcleo do sistema que mantém relações íntimas com o ambiente regional imediato em que se insere (FIALHO, 2012). Assim, o clima da cidade está estritamente relacionado às características ambientais do sítio em que está instalada. Nos últimos anos, o clima urbano ganhou relevância nas pautas de desenvolvimento sustentável, sobretudo revelando a vulnerabilidade urbana (NASCIMENTO JR., 2019).

Estudos apresentados pelo Fórum Mundial de Economia elencaram os principais riscos internacionais, nos últimos anos, em relação à probabilidade de ocorrência e aos impactos gerados (WORLD ECONOMIC FORUM, 2019). Nesse estudo, as questões de climatologia foram apontadas tanto nos riscos globais prováveis como nos riscos de maior impacto. Percebe-se, assim, que o processo de urbanização tende a modificar os ecossistemas naturais, aumentando a temperatura, reduzindo a umidade, além de alterar a composição química da atmosfera, o que acarreta a criação de microclimas (HUTTNER; BRUSE, 2009). Estes, por sua vez, apresentam condições de habitabilidade e sustentabilidade nem sempre satisfatórias, podendo ampliar a necessidade de intervenções urbanas bioclimáticas que possam reverter ou minimizar essas consequências.

Os riscos trazidos pelo clima podem ser potencializados quando a cidade carece de espaços verdes estruturados, bem distribuídos, coerentes com o seu bioma, estratégias fundamentais para a resiliência urbana (BAKLANOV *et al.*, 2018) e para a obtenção do conforto humano (DE ABREU-HARBICH; LABAKI; MATZARAKIS, 2015). Nesse contexto, pode-se citar a geração das Ilhas de Calor Urbanas (ICU) como um dos problemas mais graves associados à falta de vegetação no contexto urbano (BATTISTI *et al.*, 2018). Pode-se compreender como complexa a interação entre a cidade e seu conjunto de microclimas, o que evidencia as relações de causa-efeito das variáveis já mapeadas que impactam a formação de ICU (ARAM *et al.*, 2019).

O estudo de clima urbano é também o estudo das variáveis que atuam sobre o conforto térmico, o que é relevante para os estudos de eficiência energética, uma vez que existe uma forte correlação entre conforto térmico e consumo de energia (ARAM *et al.*, 2019). Pode-se afirmar que as cidades sustentáveis são também as que buscam formas de promover conforto sem que isso acarrete um consumo demasiado de energia. Para representar o comportamento climático de uma cidade torna-se inevitável a utilização de recursos computacionais para análise integrada frente à dinâmica antrópica e ambiental (BAJŠANSKI; MILOŠEVIĆ; SAVIĆ, 2015). Os dados gerados pelos sensores remotos, sobretudo os orbitais, como a série Landsat, disponibilizados pelo Serviço Geológico dos Estados Unidos, são amplamente utilizados como base para a realização de projetos relacionados às atividades humanas em diversas escalas (WERNECK; ROMERO, 2017).

2.2 CIDADES DE BAIXO CARBONO: SOLUÇÃO?

A relação entre os seres humanos e o meio natural tem se tornado demasiadamente desequilibrada, e os resultados disso são cada vez mais sentidos, visto que vivemos aquela que já é considerada a sexta extinção em massa (KOLBERT, 2014). As consequências desses impactos podem se tornar irreversíveis – apesar de ainda haver uma pequena janela de oportunidade –, o que torna a atenção à emergência climática prioritária. Dessa forma, para ao menos minimizar essas consequências, uma transição para um futuro pós-carbono, não dependente de combustíveis fósseis, é primordial (EUROPEAN COMMISSION, 2008).

Nesse sentido, diversos esforços foram realizados nas últimas décadas para auxiliar na mitigação dos impactos das ações humanas no meio natural, apesar de seus resultados práticos serem muito abaixo do necessário. No Acordo de Paris, por exemplo, o marco mais recente dessa série de esforços, estão definidos compromissos de nível nacional para impedir que as emissões de CO_2 ultrapassem o limite que ocasione um aquecimento de 1,5 °C, considerado o limite de não retorno.

Equacionar os impactos provenientes do ambiente construído é fundamental para um futuro mais sustentável, visto que 32% de toda energia gerada e metade de toda matéria-prima extraída são consumidas pelas edificações, o que equivale a aproximadamente um quinto de todas as Emissões de Gases de Efeito Estufa (EGE) (ÜRGE-VORSATZ *et al.*, 2014). A redução das emissões se torna ainda mais desafiadora com o processo de urbanização ainda latente em grande parte dos países do Sul Global, necessidade por moradia digna e acesso a bens de consumo para grande parte da população nessas localidades. Juntam-se a isso o Efeito de Ilha de Calor, o acesso a água e saneamento, o direito a saúde, educação trabalho, lazer – o direito à cidade – e percebe-se que os desafios que a arquitetura e o urbanismo possuem são realmente gigantescos.

Por ter um dos principais impactos e ser fundamental para o projeto desenvolvimentista, a pauta energética possui papel central nos anseios de desenvolvimento sustentável, o que se reflete também no campo do ambiente construído. Políticas públicas de eficiência energética das edificações têm sido desenvolvidas desde os anos 1970, ainda antes da formulação do conceito de desenvolvimento sustentável.

No século XXI, o conceito de *Zero-Energy Buildings* (ZEB) – em português, edifícios de balanço energético nulo – se tornou a principal referência de eficiência energética das edificações. Isso se deve ao fato de que o ZEB, mais que uma edificação de baixo consumo energético, é um edifício que gera a mesma quantidade de energia que consome no período de um ano, por meio de redução da demanda de energia por medidas de eficiência energética e conservação de energia e geração energética por meio de fontes renováveis (TORCELLINI; PLESS; DERU, 2006).

Apesar dos avanços tecnológicos, metodológicos e legislativos, a adoção de ZEB, ou mesmo de edifícios de baixo consumo energético, ainda é bastante tímida em vista dos desafios decorrentes da emergência climática. Mais recentemente, novas estratégias buscam aumentar o emprego do conceito *Zero-Energy* por meio da sua aplicação ao parque construído, ou a todo o conjunto urbano, além da abordagem individual de um edifício por vez, o que é denominado na literatura de *Zero-Energy Cities*, *Zero-Energy Districts*, *Zero-Energy Communities*, *Zero-Energy Neighborhoods*.

No âmbito dessa abordagem, a questão da eficiência energética das edificações torna-se um problema de projeto não só da arquitetura e da engenharia civil, mas também uma questão da cidade, de desenho e planejamento urbano. Nesse sentido, tornam-se relevantes aspectos como o sítio, o contexto urbano, sinergias entre os picos de consumo e potencial de geração energética de diferentes morfologias e usos. Além disso, outros aspectos além da edificação, como transporte, infraestrutura pública, indústria e agricultura, também são contemplados (CARLISLE; GEET; PLESS, 2009).

Na questão energética, contudo, essa mudança não deve ser somente de escala de projeto, do edifício ao urbano, pois há uma transformação que diz respeito à concepção do problema analisado. Segundo essa nova compreensão, a avaliação se torna mais holística em vez de mais localizada, e existem três aspectos que merecem ser destacados.

Primeiramente, no aspecto da mitigação da degradação ambiental, há um ajuste de enquadramento, saindo do consumo energético para as emissões de carbono, que de fato sempre foram a questão a ser avaliada no fim da linha, mas que, até por condições de metodologia e dados, eram de difícil avaliação. Com a consolidação das metodologias de Análise Ciclo de Vida (ACV) e seus bancos de dados, aspectos de todo o ciclo de vida das edificações e demais elementos do ambiente construído podem ser equacionados, em vez de somente aspectos restritos ao uso de operação da edificação, como ocorre em avaliações estritamente energéticas.

O segundo aspecto diz respeito à adequação às mudanças climáticas, que já são uma realidade e o serão cada vez mais nas décadas por vir. Dessa forma, além de reduzir seus impactos no meio natural, o ambiente construído precisa se preparar para essas mudanças. A necessidade por maior resiliência é fundamental para que o meio urbano e as edificações possam se adequar às novas condições climáticas, especialmente a eventos extremos, como ondas de calor, enchentes e outros diversos desastres naturais que têm se tornado mais frequentes em decorrência dessas alterações do clima. Além disso, crises sanitárias – como a pandemia de Covid-19 tornou evidente – também devem se tornar mais frequentes com a urbanização e deterioração do meio natural, assim como crises migratórias ocasionadas por conflitos geopolíticos e pela disputa por recursos, especialmente pela água.

Por fim, há um terceiro aspecto, que almeja que as soluções empregadas para enfrentar os desafios da emergência climática não se atenham às necessidades de mitigação e adequação. Mais do que imitar ou permitir que os ciclos naturais ocorram no ambiente construído, o Design Regenerativo entende que o ambiente construído deve ser um catalisador, um potencializador dos processos naturais (NABONI *et al.*, 2019).

Assim, além da mera eficiência energética e da redução nas emissões de carbono, busca-se uma avaliação holística, fundamentada no bem-estar das pessoas e na qualidade ambiental, como conforto e qualidade térmicos e luminosos, qualidade do ar, possibilidade de interação das pessoas com a natureza para propiciar benefícios psicológicos e fisiológicos.

Atualmente, existem diversas ferramentas que podem auxiliar no desenvolvimento de soluções que viabilizem esse projeto de cidade carbono zero, resiliente e regenerativa, inclusive ferramentas digitais. Em uma sociedade cada vez mais atrelada aos dados, é evidente que ferramentas digitais serão parte da solução, especialmente modelos de informação da cidade e edificações, como o City Information Modelling (CIM) e os gêmeos digitais. Contudo a gestão dessa informação gera uma outra natureza de questões, principalmente desdobramentos de privacidade e de segurança. Os principais desafios, porém, não estão atrelados a planos ou legislações, ou mesmo a recursos, mas, sim, à execução e à aplicação desses planos, vinculados a aparatos legais e de governança que viabilizem sua implementação.

2.3 CIDADES E SEUS ASSENTAMENTOS INFORMAIS

Países compostos por arquipélagos com áreas costeiras extensas têm sido protagonistas no cenário internacional quando se trata de ações para mitigar os efeitos das mudanças climáticas. A Indonésia, por exemplo, vem ao longo dos últimos anos investindo em planos de larga escala para adaptar suas maiores cidades ao aumento do nível do mar e suas consequências, como maior propensão a inundações costeiras e à ação das ondas (PEMERINTAH PROVINSI DKI JAKARTA, 2010).

Nesses países, no entanto, as ações de adaptação às mudanças climáticas têm sido problemáticas por suas limitações no que se refere a ações em assentamentos informais e comunidades indígenas, áreas historicamente marginalizadas pelos processos de colonização no Sul Global (DANGOL; DAY, 2017; YARINA, 2018).

O desafio de proteger populações historicamente vulneráveis se deve em grande parte ao fato de essas áreas terem sido urbanizadas por meio de processos não reconhecidos pelo Estado (MESGAR; RAMIREZ-LOVERING, 2021). A falta de regulamentação estatal – e a consequente carência de serviços públicos básicos e de infraestrutura – potencializa as dificuldades enfrentadas por essas comunidades, deixando-as ainda mais vulneráveis aos efeitos das mudanças climáticas (RAUF; WOLFF; HAMEL, 2021).

Em muitas dessas áreas, projetos governamentais baseados na promoção de um ideal de "cidade resiliente" têm sido utilizados como oportunidades para desalojar residentes de assentamentos informais e minar os direitos de comunidades tradicionais (ANGUELOVSKI *et al.*, 2016; ALVAREZ; CARDENAS, 2019). Em resposta, projetos mais progressistas têm buscado alternativas para prover a infraestrutura e melhorar a resiliência às mudanças climáticas *in situ*, utilizando práticas como o desenho urbano sensível à água, sem incorrer na relocação de habitações já consolidadas (ANDRADE, 2014).

2.4 PROGRAMA REVITALIZAÇÃO DE ASSENTAMENTOS INFORMAIS E SEUS AMBIENTES

O programa Revitalização de Assentamentos Informais e seus Ambientes (no original em inglês, Revitalising Informal Settlements and their Environments – Rise) é uma iniciativa que busca estudar a aplicabilidade de soluções baseadas na natureza em assentamentos informais na região do Sudeste Asiático e do Pacífico (LEDER *et al.*, 2021). Contando com dois centros de estudo – as cidades de Macacar (Indonésia) e de Suva (Fiji) –, o programa está atualmente instalando sistemas de *wetlands* construídas como parte de uma estratégia de promoção de saúde pública e aumento da resiliência local aos efeitos das mudanças climáticas (FRENCH *et al.*, 2020). É importante destacar que o programa Rise é um projeto de pesquisa cujos objetivos incluem estudar tanto os desafios para a implementação de soluções baseadas na natureza em assentamentos informais quanto os seus resultados em termos de benefícios para a saúde pública e o bem-estar social.

Os resultados preliminares das pesquisas realizadas por membros do programa Rise mostram que as mudanças climáticas no contexto de assentamentos informais em Fiji e na Indonésia podem intensificar problemas já existentes nessas áreas. Em especial, as pesquisas revelam graves vulnerabilidades existentes nas comunidades estudadas em termos de falta de sistemas de proteção contra enchentes

(CARIAS *et al.*, 2021; WOLFF, 2021) e contra extremos de temperatura (RAMSAY *et al.*, 2021). Em resposta a esse diagnóstico, o programa vem implementando, desde 2018, os já citados sistemas de *wetlands*, direcionados à melhora da saúde ambiental nas comunidades. Embora a pesquisa elaborada no contexto do programa Rise enfatize o estudo das *wetlands* como ferramentas para conter patógenos e a contaminação da água, os pesquisadores também avaliam em paralelo os efeitos desse sistema para o aumento da biodiversidade, a mitigação dos efeitos de enchentes e a redução de temperaturas extremas.

As *wetlands*,[2] consideradas infraestruturas ecológicas que mimetizam pântanos artificiais, são sistemas já testados e amplamente utilizados na Austrália e na Nova Zelândia, capazes de tratar com eficiência grandes volumes de águas servidas (ADB; RISE, 2021b). As *wetlands* podem ser implementadas como uma estratégia de retenção de águas pluviais e remoção de contaminantes leves (DOBBIE; BROOKES; BROWN, 2014) ou até para o tratamento de esgoto quando acopladas a fossas sépticas (ADB; RISE, 2021c). Esses sistemas são descentralizados, possuem baixo custo de manutenção e podem trazer outros benefícios sociais e culturais para as comunidades atendidas, o que os torna soluções altamente desejáveis no contexto de assentamentos informais no Sul Global (HAMEL; TAN, 2021).

Por utilizarem lagoas artificiais com plantas capazes de realizar a filtração e remoção de patógenos da água, os sistemas de *wetlands* construídos utilizados no programa Rise possuem outros benefícios de relevância no contexto das mudanças climáticas. O uso desses sistemas para o tratamento de águas residuais pode contribuir para aumentar a biodiversidade urbana, produzir espaços verdes e prover áreas públicas adequadas para usos culturais e de lazer (SHANNON; LEGRAND, 2007). Esses benefícios são possíveis principalmente quando as comunidades participam ativamente do processo de implementação e gestão dos sistemas por meio de práticas como a elaboração de projeto colaborativo (ADB; RISE, 2021a) e o uso de ciência cidadã (WOLFF *et al.*, 2021). Nesse sentido, a participação social no projeto se torna essencial para garantir que a implementação de soluções baseadas na natureza se dê por meios democráticos, atendendo às necessidades e aos anseios das comunidades mais vulneráveis (COHEN-SHACHAM *et al.*, 2016; KOTSILA *et al.*, 2021).

Os relatórios divulgados pelo Painel Intergovernamental sobre Mudanças Climáticas ao longo da última década revelam, com alto grau de confiança, que as mudanças climáticas representam uma grave ameaça a comunidades que vivem em áreas tropicais (REVI; SATTERTHWAITE, 2014). Essas ameaças se apresentam na forma de aumento da temperatura e do nível dos oceanos, principalmente nos trópicos. Por sua vez, o aumento dos oceanos aumenta a exposição de populações costeiras a inundações, agravadas em situações em que marés altas coincidem com tempestades tropicais (IPCC, 2018). Esses fenômenos são especialmente críticos em áreas caracterizadas por padrões de urbanização informal em que populações costeiras vivem em situação de vulnerabilidade.

---

[2] Pântanos artificiais.

Os efeitos combinados das mudanças climáticas em áreas historicamente vulneráveis já foram reconhecidos em diversos documentos internacionais, como o relatório de Sendai para a redução de risco de desastres (UNITED NATIONS..., 2015). Esse documento, conhecido como um marco da cooperação internacional para a redução de desastres, destaca que esforços devem ser envidados para aumentar a capacidade das populações costeiras de lidar com os efeitos das mudanças climáticas. O relatório de Sendai recomenda que, para lidar com os riscos do aumento do nível do mar, devem ser priorizadas ações especialmente voltadas para melhorar as condições de vida em áreas densamente povoadas em ilhas tropicais (UNITED NATIONS..., 2015), como o Sudeste Asiático e as ilhas do Pacífico.

2.5 EXPANSÃO DAS CIDADES E SISTEMAS DE AVALIAÇÃO

Alguns estudos abordam análises espaciais envolvendo a questão climática em Brasília (WERNECK; ROMERO, 2017). Discute-se a importância de compreender melhor o clima nas diferentes zonas mesoclimáticas do Distrito Federal (DF), onde as diferentes regiões administrativas seguem as mesmas prescrições urbanísticas de Brasília (SILVA *et al.*, 2016). Os profissionais envolvidos diretamente com esse processo de planejamento e desenho urbano passam a protagonizar a busca de soluções bioclimáticas que minimizem esses impactos e potencializem a qualidade de vida do homem urbano (ROMERO, 2011).

No DF, Baptista (2010) analisou a evolução da temperatura utilizando técnicas de sensoriamento remoto por meio de imagens termais de satélite com o sensor TM5 do Landsat nos anos de 1984 a 2001 e análise estatística. O pesquisador observou na comparação desses anos um aumento médio de 2 °C da temperatura de superfície e salientou que a relação entre o aumento de temperatura e o crescimento urbano é verificada em diversas áreas do DF.

Apresenta-se um estudo de caso no contexto de Brasília (DF), cidade concebida como cidade-parque que enfrenta atualmente muitos desafios na gestão dos recursos naturais, transporte, habitação, saúde, entre outros. A área metropolitana de Brasília converteu-se, em 2018, no terceiro maior centro metropolitano do país, ficando atrás apenas de São Paulo e Rio de Janeiro. O Instituto Brasileiro de Geografia e Estatística (IBGE) estimou a população do DF em 2018 em 3.039.444 habitantes (IBGE, 2020).

O DF está totalmente inscrito no Cerrado brasileiro e é um mosaico de microcosmos, com muitos microclimas diferentes (SILVA; FERRARI; MARKIEWICZ, 2016). O Cerrado é o segundo maior bioma da América do Sul e é considerado centro internacional de interesse para a biodiversidade global (GEORGES, 1994). É também considerado rico em biodiversidade e recursos aquíferos e tem boa qualidade de solo para agricultura.

Vianna e Romero (2016) também utilizaram o sensoriamento remoto para analisar a formação de ICU em Brasília por meio de uma análise quantitativa com gráficos de temperatura da superfície urbana, os quais as autoras correlacionaram qualitativamente com as atividades humanas e o uso do solo. Elas compararam Brasília com outra cidade tropical, Singapura, enfatizando, entretanto, a necessidade de estudos individualizados para cada cidade (YANG; WONG; LI, 2016).

No contexto de metodologias de trabalho, a universidade e sua equipe de especialistas podem utilizar os referenciais teóricos para modelar e desenvolver cenários de simulação como forma de simplificar e apontar diretrizes favoráveis no uso de materiais mais adequados a tipos climáticos específicos. Para isso, é necessária uma ampla pesquisa do desempenho dos programas computacionais aplicados a estudos urbanos (HUTTNER; BRUSE, 2009).

O desafio que se coloca é como comprovar, por métodos computacionais, quais arranjos urbanísticos criam cenários que mais promovem o conforto ambiental sem a dependência de equipamentos mecânicos. Segundo esse raciocínio, a cidade seria mais sustentável na medida em que promovesse espaços abertos com alto índice de verde urbano e com alto grau de conforto térmico. Para essa análise, o *software* com a análise mais apurada é o ENVI-met, que já tem forte presença na literatura nacional e internacional (QAID *et al.*, 2016; ZHAO; SAILOR; WENTZ, 2018; ZÖLCH *et al.*, 2016).

Nos últimos anos, novas ferramentas de planejamento surgiram para ajudar os planejadores a atingir objetivos de sustentabilidade. A ferramenta chamada "Fator Verde" foi adotada por algumas cidades para monitorar e avaliar o real impacto das áreas verdes (JUHOLA, 2018). A pesquisa apresenta bons resultados para a cidade de Helsinque, mas poderia ser aprimorada no aspecto monitoramento. Na realidade brasileira, outra lacuna encontrada é o acesso ao banco de dados de vegetação nativa, que é um dos objetivos específicos que a pesquisa pretendeu atacar.

Apresenta-se, a título de exemplo, o Estudo do Impacto de Vizinhança (EIV) realizado no Setor de Áreas Especiais ou Setor de Grandes Áreas de Sobradinho, região administrativa do Distrito Federal.

A região do Planalto Central onde hoje se localiza o Distrito Federal é objeto de estudos desde o século XIX. Diversos estudos foram feitos abordando as características ambientais da região, voltados a embasar a implantação da futura capital e de outras áreas urbanas.

Assim, a criação de Brasília e a ocupação dessa região não foram uma improvisação, mais o resultado de um amadurecimento, como afirma Silva (1985, p. 9):

> Não foi apenas uma mudança de Capital, mas o anúncio de uma reforma. Não se visava apenas à construção de uma cidade, nem se batalhava apenas pela emancipação de uma região. O Brasil em toda sua extensão receberia, por igual, os benefícios da interiorização da capital. Este é o objetivo da luta, subentendido no imperativo constitucional que determinava a mudança.

Constata-se, portanto que a urbanização do DF, desde seu início, teve como principal característica um planejamento urbano de caráter quase exclusivamente estatal. Passados mais de cinquenta anos da criação do DF, verifica-se que a ocupação superou as expectativas iniciais, tanto em relação à população que hoje vive dentro dos limites do DF como à que se encontra nas cidades de seu entorno.

Quanto ao modelo de planejamento, este não produziu somente o que seria desejável, isto é, um crescimento urbano ordenado e livre das mazelas da ocupação espontânea, com todos os problemas daí decorrentes. Ao contrário, embora em proporções e com particularidades distintas, repete-se em Brasília o descontrole e as dificuldades da expansão urbana encontrados na maioria das cidades brasileiras.

Devido a esse crescimento acelerado, fruto do crescimento vegetativo, e também à migração para a cidade, todos os esforços de planejamento envidados pelo governo do DF não foram capazes de atender a uma grande parcela da população. A esta, sobrou como alternativa buscar opções de moradia em condições de irregularidade, devido à dificuldade de acesso às soluções ofertadas pela estrutura oficial, que durante extenso período não acompanharam as demandas da população.

A distribuição das áreas e das atividades urbanas no Distrito Federal se estruturou de forma segregacionista, por meio da criação de núcleos urbanos isolados desvinculados e dispersos, permeados de vazios urbanos que desconectam as áreas já consolidadas. Embora muitos desses vazios tenham a intenção de se destinarem à manutenção de áreas verdes (parques ecológicos e outros), essa forma de ocupação cria imensos corredores de trânsito e dificulta a mobilidade e a integração entre as regiões, que dependem em sua maioria da oferta de serviços e empregos localizados na capital (Plano Piloto).

Desde a década 1970, o governo do Distrito Federal vem elaborando periodicamente Planos Diretores para ordenar a ocupação de seu território. Mesmo que ao longo de sua curta existência tenha contado com diversos planos de ordenamento territorial geral e local, a realidade de seu crescimento acelerado, que supera o da grande maioria das demais grandes cidades brasileiras, trouxe diversas consequências negativas para o ordenamento da ocupação territorial.[3]

---

3 Segundo Alexa Salomão (2011), um estudo publicado na revista *Exame*, elaborado pelas empresas PwC e Urban Systems Brasil a respeito de quatro setores – transportes, saneamento, telecomunicações e energia –, em nove das principais cidades brasileiras (São Paulo, Rio de Janeiro, Salvador, Brasília, Fortaleza, Belo Horizonte, Manaus, Recife e Porto Alegre) ficou evidenciado o que qualquer morador de metrópoles brasileiras sente na pele diariamente, ou seja, que nossas cidades estão muito atrasadas na garantia de um mínimo de qualidade de vida. Em São Paulo, maior cidade do hemisfério sul, mais de 1 milhão de pessoas – o equivalente a 11% da população – não estão ligadas à rede de esgoto. Em todos os verões, as chuvas instalam o caos no trânsito de quase todas as metrópoles do país. Deslizamentos de terra matam moradores das áreas mais pobres com uma recorrência absurda. Somos também campeões mundiais de blecautes, que volta e meia deixam milhões às escuras. Os aeroportos, mesmo os recém reformados, como o de Porto Alegre, operam bem acima do limite. E segue por aí a lista de nossas mazelas urbanas. Segundo Salomão, esses problemas podem ser resolvidos com boa gestão e novas tecnologias.

A região administrativa de Sobradinho é também uma cidade planejada, cujo plano, elaborado entre 1958 e 1959, foi executado pelo urbanista Paulo Hungria Machado, da equipe de arquitetos de Lúcio Costa. A cidade teve sua construção iniciada em 1959, com recursos do Departamento de Terras e Agricultura da Novacap.

Foi inaugurada em maio de 1960 (embora só oficializada pelo Decreto n. 571, de 1967) para atender parte dos trabalhadores de empreiteiras e funcionários da Novacap e do Banco do Brasil, que migraram para o Centro-Oeste com a construção da Capital. Cinco anos depois, a Lei n. 4.545, de 10 de dezembro de 1965, dividiu o DF em oito regiões administrativas. Sobradinho tornou-se a Região Administrativa V (RA-V), e o Decreto n. 11.921 fixou seus limites.

Situada a aproximadamente 22 km do Plano Piloto, na região norte do Distrito Federal, Sobradinho é a única cidade da região que se localiza na topografia mais elevada e acidentada, o que lhe confere o título de "cidade serrana" do Distrito Federal, uma região, dotada de grande diversidade paisagística e de belezas naturais.

Nos anos de 1990, foi criado o Núcleo Habitacional Sobradinho II, para atender ao Programa de Assentamento de População de Baixa Renda. Nessa época também surgiram na região diversos condomínios irregulares, associados aos problemas que se agravavam como a dispersão urbana e a presença de vazios urbanos que desconectam as áreas já consolidadas e encarecem a infraestrutura urbana. Em 27 de janeiro de 2004, com a Lei n. 3.314, Sobradinho II foi desligada da RA-V de Sobradinho e transformada na RA-XXVI.

Em 2011, a população estimada para essa cidade era de 85.491 habitantes, segundo a Pesquisa Distrital por Amostra por Domicílio (PDAD/2011), da Companhia de Planejamento do Distrito Federal (Codeplan).

Desde o início do planejamento de Brasília, houve a preocupação de implantar áreas de desenvolvimento econômico[4] com o intuito de gerar emprego e atender às necessidades da população no setor de atividades econômicas. Em 1995, uma comissão criada pelo governo do Distrito Federal em parceria com outros órgãos elaborou o Plano Diretor de Áreas Econômicas (PDAE), que criou as atuais Áreas de Desenvolvimento Econômico (ADE) do DF.

O desenvolvimento e a estruturação dessas diversas áreas e setores criados exclusivamente para atividades econômicas encontram dificuldades geradas pelo segregacionismo de uso. Já em relação à dimensão ambiental do território do DF, a área de estudo não se localiza em área de risco de processo erosivo ou de fragilidade ambiental, e também não apresenta vegetação significativa para preservação (Cerrado ou

---

De acordo com o canadense George Martine, consultor em Planejamento Urbano das Nações Unidas, "As cidades brasileiras cresceram sem planejamento, replicando em pleno século 21 os mesmos problemas de 50 anos atrás: transporte público ineficiente, falta de saneamento básico e favelização da periferia".

4 A criação dos Setores de Indústria e Abastecimento (SIA) Norte e Sul.

Mata), uma vez que já é uma área urbanizada. Nesse sentido, pode-se citar medidas de reabilitação da vegetação o que contribui para a melhoria da qualidade ambiental da paisagem urbana.

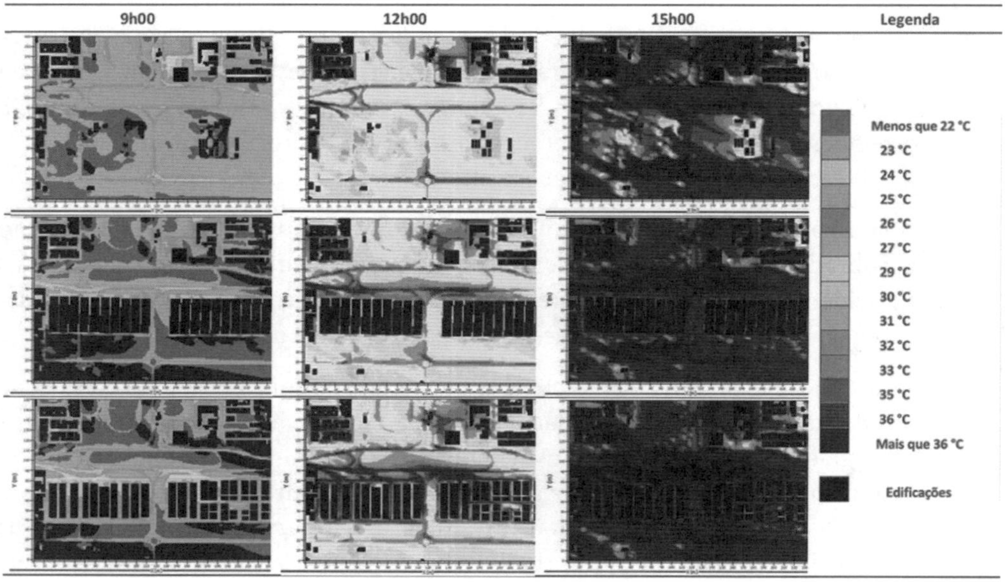

Figura 2.1 Análise bioclimática de estudo de impacto de vizinhança.

Em casos como o exemplo da Figura 2.1, onde mudanças na estrutura urbana do bairro são propostas, faz-se necessário a realização de instrumentos previstos no Estatuto das Cidades como o Estudo de Impacto de Vizinhança (EIV). Ao observar os resultados das análises realizadas para apoiar os estudos de EIV, que funcionam de exemplo para este capítulo, nota-se diferenças dentre os parâmetros analisados.

Os estudos mostram um leve impacto positivo devido à diminuição da temperatura às 9 horas da manhã e um pequeno impacto negativo com o aumento da temperatura nos horários das 12 horas e 15 horas, quando comparamos o cenário atual com os cenários propostos. O resultado na alteração do uso entre o Cenário 0 e o Cenário 1 é negativo com pouco impacto, principalmente devido ao aumento da massa edificada. Já na comparação entre o Cenário 1 e o Cenário 2, nota-se que não houve mudanças significativas entres esses cenários nem nos valores máximo e mínimos de temperatura, nem na predominância da temperatura por cenário.

Pondera-se ainda que o impacto negativo ocorrido entre o Cenário 0 e o Cenário 1 foi pequeno, e ocorreu sobretudo devido ao aumento da massa edificada e ao aumento da área impermeabilizada. No entanto, destaca-se que o Cenário 0 já se apresenta com temperaturas elevadas para o nível de conforto do usuário, sendo necessário um projeto urbanístico que contemple uma maior área com vegetação e intensa arborização. O Cenário 2, no entanto, aumenta os recuos laterais e intensifica a verticalização, fazendo com que a área eleve seus valores de temperatura do ar, dado o aumento da área construída. Recomendou-se para a área a tipologia sugerida no Cenário 1.

2.6 CONSIDERAÇÕES FINAIS

Defende-se que planejadores e gestores urbanos adotem métodos multidisciplinares e multiescalares para avaliar o cenário das cidades. Esses sistemas de avaliação devem integrar dados satelitais (escala global), dados climáticos (escala urbana) e até monitoramentos *in loco* (escala local).

As soluções baseadas na natureza devem servir como diretrizes de apoio ao planejamento urbano alinhado aos paradigmas do desenvolvimento urbano sustentável, incorporando – sempre – aspectos do clima local. Assim, obtém-se um planejamento integrado e mais inovador, contribuindo para o conceito de urbanismo regenerativo (Figura 2.2).

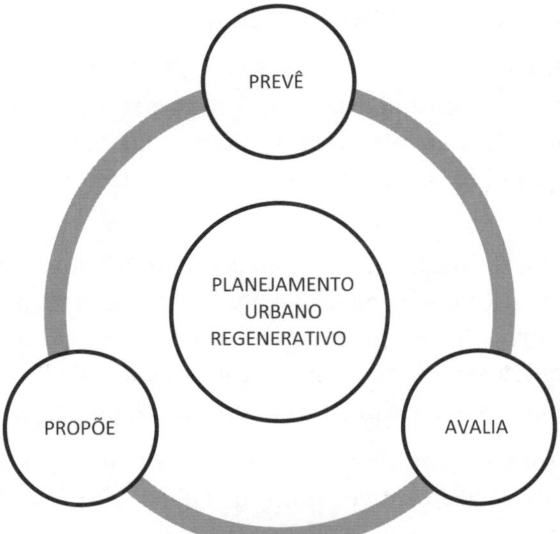

Figura 2.2 Bases do planejamento urbano regenerativo.

Acredita-se que essa discussão fomenta a criação de parâmetros para a comprovação de desempenho do ambiente urbano, rumo à efetivação de um processo de certificação urbana. Dessa forma, o método inovador é um resultado à parte, que poderá ser validado por outros pesquisadores em outros contextos climáticos.

Por fim, afirma-se que as soluções baseadas na natureza possuem papel central para viabilizar uma cidade carbono zero, resiliente e regenerativa, não só por serem capazes de potencializar os processos naturais, mas por colocarem as pessoas no centro, nos aspectos ambiental, fisiológico, psicológico, social e econômico.

REFERÊNCIAS

ADB; RISE. *Co-design of water sensitive settlement upgrading.* Asia Development Bank and Monash University, 2021a. Disponível em: https://www.rise-program.org/__data/assets/pdf_file/0010/2603485/RISE_ADB-Knowledge-Products-2_FA4-hires.pdf. Acesso em: 27 dez. 2022.

ADB; RISE. *Water-sensitive informal settlement upgrading: Description of technologies.* Asia Development Bank and Monash University, 2021b. Disponível em: https://www.rise-program.org/__data/assets/pdf_file/0011/2603486/RISE_ADB-Knowledge-Products-3_FA4-hires.pdf. Acesso em: 27 dez. 2022.

ADB; RISE. *Water-sensitive informal settlement upgrading: Overall principles and approach.* Asian Development Bank and Monash University, 2021c. Disponível em: https://www.rise-program.org/__data/assets/pdf_file/0007/2603482/RISE_ADB-Knowledge-Products-1_FA4-hires.pdf. Acesso em: 27 dez. 2022.

ANSARI, Iman. Ecological urbanism: The synthesis of ethics, aesthetics, and cybernetics. *In*: ANDERSON, Jonathon; ORTEGA, Daniel (eds.). *Innovations in landscape architecture.* London; New York: Routledge, 2016.

ALVAREZ, Maria Khristine; CARDENAS, Kenneth. Evicting slums, "building back better": Resiliency revanchism and disaster risk management in Manila. *International Journal of Urban and Regional Research*, v. 43, n. 2, p. 227-249, 2019. DOI: https://dx.doi.org/10.1111/1468-2427.12757. Diponível em: https://onlinelibrary.wiley.com/doi/10.1111/1468-2427.12757.

ANDRADE, Liza Maria Souza de. *Conexão dos padrões espaciais dos ecossistemas urbanos: a construção de um método com enfoque transdisciplinar para o processo de desenho urbano sensível à água no nível da comunidade e da paisagem.* 2014. Tese (Doutorado em Arquitetura e Urbanismo) – Universidade de Brasília, Brasília, 2014. Disponível em: https://repositorio.unb.br/handle/10482/18042.

ANGUELOVSKI, Isabelle *et al.* Equity impacts of urban land use planning for climate adaptation: critical perspectives from the Global North and South. *Journal of Planning Education and Research*, v. 36, n. 3, p. 333-348, 2016. DOI: https://dx.doi.org/10.1177/0739456X16645166. Disponível: em https://journals.sagepub.com/doi/10.1177/0739456X16645166.

ARAM, Farshid. *et al.* Urban green space cooling effect in cities. *Heliyon*, v. 5, n. 4, p. 1339, 2019.

BAJŠANSKI, Ivana V.; MILOŠEVIĆ, Dragan D.; SAVIĆ, Stevan M. Evaluation and improvement of outdoor thermal comfort in urban areas on extreme temperature days: Applications of automatic algorithms. *Building and Environment*, n. 94, p. 632-643, 2015.

BAKLANOV, Alexander. *et al.* From urban meteorology, climate and environment research to integrated city services. *Urban Climate*, v. 23, 2018.

BAPTISTA, Gustavo Macedo. Ilhas de Calor. Scientific American Brasil. *Revista Digital.* Moderna: São Paulo, ano 1, n. 2, p. 24-31, 2010.

BATTISTI, Alessandra *et al.* Climate mitigation and adaptation strategies for roofs and pavements: A case study at Sapienza University Campus. *Sustainability* (Switzerland), v. 10, n. 10, p. 3788, 2018.

CÂMARA, Gilberto; DAVIS, Clodoveu; MONTEIRO, A. M. V. *Introdução à ciência da geoinformação.* São José dos Campos: Instituto Nacional de Pesquisas Espaciais, 2001.

CAPON, Anthony G.; SYNNOTT, Emma S.; HOLLIDAY, Sue Urbanism, climate change and health: Systems approaches to governance. *New South Wales Public Health Bulletin*, v. 20, n. 1-2, 2009.

CARIAS, Michelle Escobar; JOHNSTON, David; KNOTT, Rachel; SWEENEY, Rohan. Flood disasters and health among the urban poor. 2021. (Preprint)

CARLISLE, Nancy; GEET, Otto van; PLESS, Shanti. *Definition of a "zero net energy" community.* Technical report. National Renewable Energy Laboratory, nov. 2009. Disponível em: http://www.nrel.gov/docs/fy10osti/46065.pdf. Acesso em: 27 dez. 2022.

COHEN-SHACHAM, E.; WALTERS, Gretchen; JANZEN, C.; MAGINNIS, Stewart. (eds.). *Nature-based solutions to address global societal challenges.* IUCN International Union for Conservation of Nature, 2016. DOI: https://dx.doi.org/10.2305/IUCN.CH.2016.13.en. Disponível em: https://portals.iucn.org/library/node/46191.

DANGOL, Neeraj; DAY, Jennifer. 2017. Flood adaptation by informal settlers in Kathmandu and their fear of eviction. *International Journal of Safety and Security Engineering*, v. 7, n. 2, p. 147-156, 2017. DOI: https://dx.doi.org/10.2495/SAFE-V7-N2-147-156. Disponível em: https://www.witpress.com/elibrary/sse-volumes/7/2/1844.

DAVIS, Charles *et al.* Social media are fuelling the Amazon's destruction. *Nature*, v. 580, n. 7803, p. 321-321, abr. 2020.

DE ABREU-HARBICH, Loyde V.; LABAKI, Lucila C.; MATZARAKIS, Andreas. Effect of tree planting design and tree species on human thermal comfort in the tropics. *Landscape and Urban Planning*, v. 138, p. 99-109, 2015.

DOBBIE, Meredith Frances; BROOKES, Katie Louise; BROWN, Rebekah Ruth. Transition to a water-cycle city: Risk perceptions and receptivity of Australian urban water practitioners. *Urban Water Journal*, v. 11, n. 6, p. 427-443, 2014.

EUROPEAN COMMISSION (EU). Towards a "post-carbon society". *In*: EUROPEAN RESEARCH ON ECONOMIC INCENTIVES AND SOCIAL BEHAVIOR. *Conference proceedings*, 24 out. 2007, Brussels.

FABBRI, Kristian *et al.* Outdoor comfort: The ENVI-BUG tool to evaluate PMV values output comfort point by point. *Energy Procedia*, n. 111, p. 510-519, 2017.

FERRANTI, Pasquale. The United Nations sustainable development goals. *In*: *Encyclopedia of food security and sustainability.* [*S. l.*]: Elsevier, 2018. v.1, p. 6-8.

FIALHO, Edson. S. Clima urbano. *Geografares*, n. 10, jan./mar. 2012.

FRENCH, Matthew; TRUNDLE, Alexei; KORTE, Inga; KOTO, Camari. Climate resilience in urban informal settlements: Towards a transformative upgrading agenda. *In*: DE GRAAF-VAN DINTHER, Rutger (ed.). Climate resilient urban areas: governance, design and development in coastal delta cities. Cham, Switzerland: Springer International Publishing, 2020. (Palgrave Studies in Climate Resilient Societies). DOI: https://dx.doi.org/10.1007/978-3-030-57537-3. Disponível em: https://link.springer.com/book/10.1007/978-3-030-57537-3.

GEORGES, M. E. Tropical rain-forests, Latin-American nature and society in transition. *Professional Geographer*, v. 46, n. 3, 1994.

GIVONI, Baruch. Comfort, climate analysis and building design guidelines. *Energy and Buildings*, v. 18, n. 1, 1992.

HAMEL, Perrine; TAN, Leanne. Blue-green infrastructure for flood and water quality management in Southeast Asia: Evidence and knowledge gaps. *Environmental Management*, abr. 2021. DOI: https://dx.doi.org/10.1007/s00267-021-01467-w. Disponível em: https://link.springer.com/article/10.1007/s00267-021-01467-w.

HIEN, W. N.; JUSUF, S. K. Special report on the fourth international conference on countermeasures to urban heat island (4th IC2UHI Conference) in Singapore. *Frontiers of Architectural Research*, v. 5, 1º dez. 2016.

HUTTNER, Sebastian; BRUSE, Michael. Numerical modeling of the urban climate – a preview on ENVI-MET 4.0. *In*: INTERNATIONAL CONFERENCE ON URBAN CLIMATE, 7., jul. 2009, Yokohama.

IBGE – Instituto Brasileiro de Geografia e Estatística. *Regiões de influência das cidades 2018*. Rio de Janeiro: IBGE, 2020.

IPCC – The Intergovernmental Panel on Climate Change. *Global Warming of 1.5°C. An IPCC Special Report on the impacts of global warming of 1.5°C above pre-industrial levels and related global greenhouse gas emission pathways, in the context of strengthening the global response to the threat of climate change, sustainable development, and efforts to eradicate poverty.* Cambridge, UK; New York, NY, USA: Cambridge University Press, 2018. p. 3-24. Disponível em: https://www.ipcc.ch/sr15/chapter/spm/. Acesso em: 27 dez. 2022.

JUHOLA, Sirkku. Planning for a green city: The Green Factor tool. *Urban Forestry and Urban Greening*, v. 34, 2018.

KOLBERT, Elizabeth. *The sixth extinction: An unnatural history.* New York: Henry Holt & Company, 2014.

KOTSILA, Panagiota; ANGUELOVSKI, Isabelle; BARÓ, Francesc; LANGEMEYER, Johannes; SEKULOVA, Filka; CONNOLLY, James J. T. Nature-based solutions as discursive tools and contested practices in urban nature's neoliberalisation processes. *Environment and Planning E: Nature and Space*, v. 4, n. 2, p. 252-274, 2021. DOI: https://dx.doi.org/10.1177/2514848620901437. Disponível em: https://journals.sagepub.com/doi/10.1177/2514848620901437.

LEDER, Karin; OPENSHAW, John J; ALLOTEY, Pascale; ANSARIADI, Ansariadi; BARKER, S. Fiona; BURGE, Kerrie; CLASEN, Thomas F. *et al.* Study design, rationale and methods of the Revitalising Informal Settlements and their Environments (RISE) Study: A cluster randomised controlled trial to evaluate environmental and human health impacts of a water-sensitive intervention in informal settlements in Indonesia and Fiji. *BMJ Open*, v. 11, n. 1, e042850, 2021. DOI: https://dx.doi.org/10.1136/bmjopen-2020-042850. Disponível: https://bmjopen.bmj.com/content/11/1/e042850.

MESGAR, Mahsa; RAMIREZ-LOVERING, Diego. Informal land rights and infrastructure retrofit: a typology of land rights in informal settlements. *Land*, v. 10, n. 3, p. 273, 2021. DOI: https://dx.doi.org/10.3390/land10030273. Disponível em: https://www.mdpi.com/2073-445X/10/3/273.

NABONI, Emanuele; CHOKHACHIAN, Ata; FINNOCHIARO, Luca; HAVINGA, Lisanne. Climate and energy for regenerative urban design: Local context, adaptation, resilience. *In*: *Regenerative design in digital practice: A handbook for the built environment*, 2019.

NASCIMENTO JR., Lindberg. O clima urbano como risco climático. *Geo UERJ*, n. 34, 2019.

OLGYAY, Victor. *Design with climate: Bioclimatic approach to architectural regionalism*. New and expanded edition. Princeton: Princeton University Press, 2015.

OKE, Timothy R. *Boundary layer climates*. 2. ed. London: Methuen, 1987.

PEMERINTAH PROVINSI DKI JAKARTA. *Jakarta Urgent Flood Mitigation Project (JUFMP)*. Resettlement Policy Framework (RPF), 2010.

PRADO, Allan K. J. A.; ROMERO, Marcelo de A.; SILVA, Caio F. e. Avaliação do custo-benefício do retrofit da envoltória em um edifício público, com suporte de simulação computacional. *Cadernos de Arquitetura e Urbanismo*, n. 22, p. 88-101, 17 dez. 2018.

QAID, Adeb *et al.* Urban heat island and thermal comfort conditions at micro-climate scale in a tropical planned city. *Energy and Buildings*, 2016.

RAMSAY, Emma E. *et al.* Chronic heat stress in tropical urban informal settlements. *IScience*, nov. 2021, 103248. DOI: https://dx.doi.org/10.1016/j.isci.2021.103248. Disponível em: https://www.cell.com/iscience/fulltext/S2589-0042(21)01217-7?_returnURL=https%3A%2F%2Flinkinghub.elsevier.com%2Fretrieve%2Fpii%2FS2589004221012177%3Fshowall%3Dtrue.

RAUF, Hanna A.; WOLFF, Erich; HAMEL, Perrine. Climate resilience in informal settlements: the role of natural infrastructure. *In*: *The Palgrave Encyclopedia of Urban and Regional Futures*. Cham: Springer International Publishing, 2021. p. 1-9. DOI: https://dx.doi.org/10.1007/978-3-030-51812-7_39-1. Disponível em: https://link.springer.com/referenceworkentry/10.1007/978-3-030-51812-7_39-1.

REVI, Aromar; SATTERTHWAITE, David E. (coords.). Urban areas. *In*: FIELD, C. B. *et al.* (eds.). *Climate Change 2014: Impacts, Adaptation, and Vulnerability. Part A:*

Global and Sectoral Aspects. Contribution of Working Group II to the Fifth Assessment Report of the Intergovernmental Panel on Climate Change. Cambridge, UK; New York, NY, USA: Cambridge University Press, 2014. p. 535-612. Disponível em: https://www.ipcc.ch/site/assets/uploads/2018/02/WGIIAR5-Chap8_FINAL.pdf. Acesso em: 27 dez. 2022.

RIBEIRO, W. C. Impactos das mudanças climáticas em cidades no Brasil. *Parcerias Estratégicas*, Brasília, DF, n. 27, dez. 2008.

ROMERO, Marta A. B. A arquitetura bioclimática do espaço público. *In*: *Arquitetura bioclimática*. Brasília: UnB, 2016.

ROMERO, Marta A. B. *Arquitetura do lugar*: uma visão bioclimática da sustentabilidade em Brasília. São Paulo: Nova Técnica, 2011.

SALOMÃO, Alexa; GIANINI, Tatiana. Um país em busca de gente. *Revista Exame*. São Paulo, ed, v. 989, 2011.

SANTAMOURIS, Mat; CARTALIS, Constantinos; SYNNEFA, A. Local urban warming, possible impacts and a resilience plan to climate change for the historical center of Athens, Greece. *Sustainable Cities and Society*, v. 19, p. 281-291, 2015.

SANTOS, Teresa; SILVA, Caio; TENEDÓRIO, José A. Promoting citizens' quality of life through green urban planning. *Communications in Computer and Information Science*, vol. 936, 2019.

SHAFIQUE, Muhammad; XUE, Xiaolong; LUO, Xiaowel. An overview of carbon sequestration of green roofs in urban areas. *Urban Forestry and Urban Greening*, v. 47, 2020.

SHANNON, Kelly; LEGRAND, Benoit. Aerated Lagoon Park in Ho Chi Minh City, Vietnam. *Topos*, n. 59, pp. 31-37, 2007.

SILVA, Caio F. e *et al.* Computer simulation of three mesoclimatic urban the Federal District of Brazil. *Procedia Engineering*, n. 169, p. 280-288, 2016.

SILVA, Caio F. e; FERRARI, Isabela; MARKIEWICZ, Júlia. The urban sectorization of Lúcio Costa's modernism and the emergency of heat islands in the capital of Brazil. *Procedia Engineering*, n. 169, p. 64-71, 2016.

SILVA, Ernesto. *História de Brasília*: um sonho, uma esperança, uma realidade. Secretaria de Educação e Cultura do DF, 1985.

STEWART, Iain D.; OKE, Timothy. R. Local climate zones for urban temperature studies. *Bulletin of the American Meteorological Society*, v. 93, n. 12, 2012.

TORCELLINI, P.; PLESS, S.; DERU, M. Zero energy buildings: A critical look at the definition. Conference paper. *In*: ACEEE SUMMER STUDY, 2006, Pacific Grove, California.

UNITED NATIONS International Strategy for Disaster Reduction (UNISDR). *Sendai framework for disaster risk reduction 2015-2030*. Geneva, Switzerland: UNISDR, 2015.

ÜRGE-VORSATZ, D. *et al.* Buildings. *In*: *Mitigation. Working Group III contribution to the Fifth Assessment Report of the Intergovernmental Panel of Climate Change*, 2014. p. 671-738.

VIANNA, E; ROMERO, M. The process of formation of heat islands: a parallel between Brasilia and Singapore. 4th International Conference on Countermeasures to Urban Heat Island, 30-31 May and 1 June 2016, National University of Singapore.

WERNECK, Daniela; ROMERO, Marta. Microclimate on outdoor spaces in the context of tropical climate: A case study in Brasilia – Brazil. *In*: *Proceedings of 33rd PLEA International Conference: Design to Thrive*, 2017.

WOLFF, Erich. The promise of a "people-centred" approach to floods: types of participation in the global literature of citizen science and community-based flood risk reduction in the context of the sendai framework. *Progress in Disaster Science*, n. 10, 100171, abr. 2021. DOI: https://dx.doi.org/10.1016/j.pdisas.2021.100171. Disponível em: https://www.sciencedirect.com/science/article/pii/S2590061721000314?via%3Dihub.

WOLFF, Erich; FRENCH, Matthew; ILHAMSYAH, Noor; SAWAILAU, Mere Jane; RAMÍREZ-LOVERING, Diego. Collaborating with communities: citizen science flood monitoring in urban informal settlements. *Urban Planning*, v. 6, n. 4, p. 351-364, 2021. DOI: https://dx.doi.org/10.17645/up.v6i4.4648. Disponível em: https://www.cogitatiopress.com/urbanplanning/article/view/4648.

WORLD ECONOMIC FORUM: Global Risks Report 2019. *Computer Fraud & Security*, n. 2, 2019.

YANG, W.; WONG, N. H.; LI, C.-Q. Effect of Street Design on Outdoor Thermal Comfort in an Urban Street in Singapore. *Journal of Urban Planning and Development*, 2016.

YARINA, Lizzie. Your sea wall won't save you: negotiating rhetorics and imaginaries of climate resilience. *Places Journal*, mar. 2018. DOI: https://dx.doi.org/10.22269/180327. Disponível em: https://placesjournal.org/article/your-sea-wall-wont-save-you/.

ZHAO, Qunshan; SAILOR, David J.; WENTZ, Elizabeth A. Impact of tree locations and arrangements on outdoor microclimates and human thermal comfort in an urban residential environment. *Urban Forestry and Urban Greening*, v. 32, p. 81-91, maio 2018.

ZÖLCH, Teresa *et al.* Using green infrastructure for urban climate-proofing: An evaluation of heat mitigation measures at the micro-scale. *Urban Forestry and Urban Greening*, v. 20, n. 1, p. 305-316, dez. 2016.

CAPÍTULO 3

Intervenção em centros históricos no enfrentamento das mudanças climáticas: fundamentos para análise e proposição em respeito à preexistência

Carina Folena Cardoso Paes

Ernestina Rita Meira Engel

Natália Biscaglia Pereira

3.1 INTRODUÇÃO

Uma das questões mais críticas na temática da mitigação das mudanças climáticas está centrada em como atuar nos contextos de especial interesse de preservação. Trabalhar a regeneração de forma pautada na reparação ou reconstituição da biosfera implica, em grande parte, em processos de renovação urbana, revisando estratégias de uso e ocupação do solo, modais de transporte e os próprios padrões de densidade. Essas ações acabam por repercutir em mudanças drásticas na paisagem que, no caso dos centros históricos, conformam, muitas vezes, o principal fundamento de preservação.

Os conflitos entre as necessárias transformações em prol da sustentabilidade, ou de um melhor desempenho em resiliência, e a preservação da paisagem, bem como a não degeneração da identidade de lugar, apresentam alguns aspectos sensíveis, aqui rememorados para fundamentar melhor a problemática estabelecida.

Há pelo menos duas grandes questões passíveis de reflexão quando se tematizam os processos de mitigação das mudanças climáticas na escala da paisagem em contextos de interesse de preservação. A primeira delas reside na natureza das intervenções em si; a segunda, na natureza dos espaços que se caracterizam como cenários críticos para sediar essas intervenções.

Melhorar o desempenho da resiliência diante das mudanças climáticas envolve maximizar formas urbanas sustentáveis, dotá-las de maior densidade, agregar a elas propostas de uma cidade com mais adequados índices de caminhabilidade, mais bem atendida pelo transporte público e que preconize o metabolismo circular (THOMSON, 2016, p. 69). Todas essas iniciativas são nobres ao olhar da sustentabilidade, contudo, os impactos que promovem na paisagem suscitam cautela ante sua aplicação irrestrita em áreas de interesse de preservação. O grande paradoxo é que são esses, justamente, os lugares que rotineiramente se enquadram nas características das áreas com maior potencial de intervenção.

Segundo Thomson (2016, p. 74), zonas caracterizadas pela baixa densidade, bem localizadas e onde a terra tem alto valor são prioritárias para a aplicação de processos de renovação relacionados à melhoria do desempenho ambiental. Para essas áreas, o autor propõe a promoção de um novo zoneamento que estabeleça padrões diversificados de uso e ocupação do solo, o incentivo a uma maior diversidade funcional e a preconização de índices mais elevados de densidade urbana.

Evidentemente, considerando-se o padrão de desenvolvimento de cidades tradicionais, a partir da lógica centro-periferia, depreende-se que grande parte dos assentamentos antigos se situam nas áreas elencadas como de prioridade de intervenção e, ademais, possivelmente são dotados das características de uso e ocupação do solo que, segundo a lógica de Thomson (2016), devem ser revertidas. Para adicionar alguns complicadores a esse processo, sabe-se que intervenções urbanas que promovem algum grau de renovação, seja na dimensão da infraestrutura, seja no aumento do potencial construtivo, implicam numa ainda maior valorização da terra. Para Thomson (2016, p. 74), a valorização é bem-vinda, uma vez que gera maiores receitas para que o poder público invista em infraestrutura verde ou em operações urbanas que promovam o transporte coletivo. Contudo, a naturalização dos impactos do aumento da densidade urbana na dinâmica imobiliária e no preço da terra é especialmente perniciosa em contextos de interesse de preservação. A valorização da terra, quando não mitigada por medidas de segurança fundiária, traz riscos à permanência da população que originalmente habita essas áreas. Nesse caso, a constituição de uma paisagem paradoxal, assim como um processo de gentrificação, é uma consequência possível de uma transformação irrefletida, que pode, por sua vez, suprimir ou degenerar aspectos identitários de um lugar.

Faz-se coro, portanto, a autores como Newman *et al.* (2017, p. 185) na seguinte indagação: o que cabe ser feito em assentamentos cujo desenvolvimento já ultrapassa a marca de meio século? Em quais aspectos a abordagem de áreas de especial interesse de preservação deve se diferenciar da que pode ser aplicada irrestritamente nas demais regiões da cidade?

Existem alguns pressupostos, já apresentados em literatura pertinente, que auxiliam no desenvolvimento das respostas a essas questões. Em contrapartida, são incipientes, embora existentes, os trabalhos que buscam tematizar processos de regeneração urbana com vistas à sustentabilidade em contextos de especial interesse de preservação. O objetivo deste capítulo é apresentar tais pressupostos e experiências de tematização da sustentabilidade em centros históricos, de modo a sistematizar os procedimentos necessários para que essa ação seja desenvolvida em respeito à preexistência.

3.2 PRESSUPOSTOS PARA SE PENSAR A RESILIÊNCIA ÀS MUDANÇAS CLIMÁTICAS EM ÁREAS DE INTERESSE DE PRESERVAÇÃO

O primeiro ponto que se deve ter em mente quando se tematiza a resiliência às mudanças climáticas em áreas de interesse de preservação é que a cidade é um grande sistema dotado de contextos diferenciados e que, a esses diferentes contextos, devem-se fixar horizontes finais de intervenção igualmente distintos. A ideia de urbanismo verde é especialmente interessante nesse sentido.

Segundo Thomson e Newman (2016, p. 1), o urbanismo verde é uma ação de desempenho quanto à sustentabilidade urbana que pressupõe três horizontes de atuação. Em áreas muito degradadas, pode-se aplicar soluções de design verde que melhorem o desempenho ecológico, sem, contudo, a pretensão de neutralizar por completo os impactos. Um segundo nível de intervenção é o que chamam de desenvolvimento sustentável: em contextos não muito degradados, pode-se intervir de modo a se chegar a uma condição de zero impacto. Para além disso, em contextos já estabilizados, pode-se aplicar o que chamam de urbanismo regenerativo: ações de impacto positivo com o objetivo de recompor a biosfera (THOMSON; NEWMAN, 2016, p. 1).

O que os autores trabalham na perspectiva ambiental, ou seja, nos níveis de degradação do meio ambiente, pode ser levado para as especificidades dos meios urbanos. A depender do que regem os estatutos de preservação de uma área, a renovação completa com objetivos de regeneração pode não ser possível. O mesmo, porém, não se pode dizer de áreas circunvizinhas, ou mesmo em consolidação, nas cidades. Nesse caso, encarando a cidade como um sistema e, além disso, compreendendo que a sustentabilidade urbana é um projeto global, pode-se pensar que um contexto urbano mais permissivo na incorporação de processos de renovação pode compensar aquele em que a preservação restringe a atuação tão somente a soluções de design verde e/ou sustentabilidade.

Definir o grau da intervenção de modo responsivo ao contexto é algo que passa invariavelmente pelo que Ibáñez (2019, p. 12) chama de trabalho dialógico. Essa ideia envolve a valorização do espaço percebido: aquele que é concebido, habitado e vivenciado pelas pessoas. É preciso compreender o uso social dos espaços públicos, os significados da vida cotidiana e a realidade dos usuários, de modo a favorecer o diálogo entre o corpo técnico e a comunidade, intercambiando saberes (IBÁÑEZ, 2019, p. 12).

Nesse processo, algumas questões se fazem pertinentes: o que é sustentabilidade na ótica da população envolvida? Em que estágio de desenvolvimento essa comunidade se encontra? Qual o histórico de constituição desse território em análise? O embasamento para essas questões reside em Downtow (2009a, p. 181), para quem os indicadores de sustentabilidade nunca devem ser medidos, ou aplicados, de forma objetiva. O autor menciona que, em alguns casos, a visão de sustentabilidade pode se atrelar a um melhor acesso à educação, renda, segurança pública, saúde, meio ambiente, recreação, cultura, mobilidade, entre tantas facetas das políticas setoriais (DOWNTOW, 2009a).

Nesse sentido, uma condição de melhoria no desempenho de sustentabilidade poderia se desenvolver de forma bem mais associada à reversão de uso de edifícios para sediar equipamentos públicos do que ao incentivo a um completo *retrofit* da edificação. Esse caso hipotético ilustra muito bem o que é a adoção do design verde num contexto de interesse de preservação. A incorporação de equipamentos públicos não levaria esse meio urbano a uma condição de impacto zero, mas é bem certo que a provisão desses serviços próximo aos bolsões de moradia reduziria consideravelmente deslocamentos e queima de gases intensificadores do efeito estufa e, por consequência, a pegada ecológica da comunidade.

O que Downtow (2009a, p. 181) quer demonstrar é que a sustentabilidade está intimamente relacionada ao que se vislumbra como qualidade de vida. Nesse sentido, o que a intervenção urbana deve trabalhar é a adaptação do meio, melhorando a qualidade de vida da população e, por tabela, a sustentabilidade. Essa lógica vai na linha do que defende Viana (2010, p. 14): mudanças sutis, orientadas pela preexistência e indexadas à realidade, são mais desejáveis do que rupturas radicais.

Conduzir esse processo orientado pelo contexto induz a determinados procedimentos, como levantar as características físicas do lugar, a sua composição social, as dinâmicas e hierarquias sociais que se sedimentam no espaço urbano ao longo do seu histórico de desenvolvimento, para mencionar alguns aspectos de interesse. A importância de mapear apropriadamente esses elementos reside em saber identificar os signos e significados esboçados na paisagem, de modo a discutir e compreender seu valor de preservação antes de enveredar por quaisquer processos de renovação urbana (VIANA, 2010, p. 14).

Na perspectiva de cidade como um organismo sistêmico, Viana (2010, p. 14) propõe que as ações devem se centrar mais nas relações entre os entes da cidade do que em processos incisivos de transformação urbana e da paisagem. Assim, o autor defende a necessidade de se compreender as relações entre os bairros (formais ou informais), a inserção dos assentamentos em redes de infraestrutura urbana e as relações de dependência e necessidade para com serviços e equipamentos essenciais. Segundo Viana (2010, p. 14), esses são os pontos prioritários para iniciar a intervenção.

Viana (2010) pontua, ainda, que é necessário avaliar o que pode ou deve ser regenerado. Nesse sentido, ainda segundo o autor, também cabe avaliar a temporalidade das intervenções: o que deve ser desenvolvido no curto, médio e longo prazo. Esse pensamento de Viana (2010) leva a algumas questões que devem compor o processo analítico de contextos de interesse de preservação para sediar intervenções em prol da sustentabilidade: o que deles deve permanecer? Por quanto tempo deve permanecer? O que pode mudar? Quais são os limites para essa mudança? Avançar nessas questões é compreender, com maior clareza, os problemas que emergem das especificidades do lugar e as características que lhe são singulares ou genuínas. Para aspectos específicos devem ser propostos objetivos igualmente específicos.

Deve-se entender, como pontua Hayes (2015, p. 14), que as ações e os comportamentos humanos são influenciados pelos lugares e culturas a eles associados. A cultura é um elemento que pode fazer diferir, por exemplo, a compreensão do que é impacto. Por isso, o autor reforça a necessidade de se compreender o que é importante para a sociedade abarcada em um processo de intervenção: a sua integridade e autenticidade. Chegar a esse cerne é, segundo Solder *et al.* (2016, p. 127), identificar e proteger o que é valorizado pelas comunidades, aprimorando os elementos que tenham um desempenho inferior em relação aos propósitos de sustentabilidade.

Até este momento, os pressupostos aqui lançados preconizam o lugar de fala daqueles que são diretamente atingidos pelo processo de intervenção. No entanto, Newman *et al.* (2017, p. 181) pontuam a necessidade de valorização da paisagem e da preexistência por parte dos próprios urbanistas. É possível que importantes soluções de resiliência urbana já se expressem na conformação dos tecidos tradicionais (NEWMAN *et al.*, 2017, p. 181). Para os autores, nos contextos que antecedem a Revolução Industrial ou ações mais incisivas do mercado imobiliário, estão dispostos modelos de uso e ocupação do solo que trabalham de modo sutil e eficaz um desenho urbano sensível às qualidades humanas de comunidade, criatividade e estética (NEWMAN *et al.*, 2017, p. 181).

De acordo com Montaner e Muxí (2017, p. 224-225), a primeira condição para um urbanismo alternativo e sustentável seria optar por recuperar as construções preexistentes, tanto bairros tradicionais quanto os do urbanismo moderno, a partir de um novo paisagismo: "consolidando estruturas, melhorando instalações, aumentando superfícies para a moradia e para os espaços comunitários e melhorando os sistemas passivos e ativos de economia energética". A partir de exemplos de boas práticas de projetos que visam ao urbanismo alternativo e sustentável, esses autores demonstram que a sustentabilidade se alia ao favorecimento da inter-relação, da igualdade e da justiça social, com a participação dos usuários, levando em consideração as condições do lugar, a cultura local e os imaginários, as necessidades e os movimentos dos seus habitantes.

O que esta breve revisão teórica sinaliza é que o processo de análise do lugar, seja apreendendo o espaço percebido pelas pessoas, seja exercitando o olhar sensível do urbanista, é determinante para a consecução de um projeto de resiliência que respeite a preexistência e a singularidade do assentamento em estudo. Nesse sentido, é nessa fase da intervenção que deve ser conferido um maior fôlego para, por meio da boa leitura do lugar, extrair objetivos específicos e referenciados naquela realidade quanto à sustentabilidade.

3.3 A IMPORTÂNCIA DA DIALÉTICA TERRITORIAL NAS INTERVENÇÕES EM CENTROS HISTÓRICOS COM ENFOQUE NA SUSTENTABILIDADE

Os pressupostos para a ação urbana em respeito à preexistência já estão lançados em literatura, contudo, reconhece-se que são poucas, ainda, as iniciativas que sistematizam procedimentos de análise em centros históricos com vistas a abrigar um projeto voltado à sustentabilidade ou à resiliência às mudanças climáticas. Um exemplo é o trabalho de Vergara (2019), que focaliza o urbanismo regenerativo – ou seja, o grau de intervenção mais avançado de reparo da biosfera – em sua possibilidade de reativação do centro histórico da cidade de Veracruz, no México. Apesar de focalizar o duplo desafio de vitalização da área e alinhamento a objetivos de melhoria da sustentabilidade, o trabalho não parte para um processo de renovação; antes, o que se observa é a construção de objetivos intimamente relacionados à preexistência a partir do conceito de dialética territorial.

A dialética territorial busca reivindicar o valor da identidade nas transformações do território, definindo parâmetros de projeto de modo a harmonizar as novas intervenções à identidade do lugar. Segundo Vidal (2018, *apud* VERGARA, 2019, p. 17), esse conceito tem como base as distintas concepções da paisagem, que, em conjunto com outras variáveis, conferem ao local uma série de identidades. Apesar de recente, o conceito pode ser utilizado em intervenções que enfocam o bem-estar da comunidade.

A dialética territorial é abordada também nos estudos da área da geografia, em conjunto com os temas acerca do território e de suas dinâmicas. Para Pacheco (2015, p. 10), "o território possui grande importância na construção da memória e da identidade de uma comunidade estando ligado diretamente ao conjunto das relações sociais estabelecido pelos membros dessa sociedade". Ainda, a identidade social se materializa no espaço através dos aspectos sociais e culturais, gerando um sentido ao território. Dessa forma, compreende-se que esse elemento possui importância na construção das identidades locais (PACHECO, 2015). A interpretação da identidade é uma relevante ferramenta de análise, promovendo um maior entendimento do objeto de estudo e permitindo intervenções sensíveis ao local e às suas características culturais.

A estratégia do estudo de Vergara (2019, p. 17) consiste em aplicar a dialética territorial, definindo os parâmetros de projeto de modo a harmonizar as novas intervenções à identidade existente. Assim, a autora institui três dimensões da paisagem que usa de apoio para reconhecer o caráter identitário do lugar: a paisagem histórica, a paisagem física e a metapaisagem. São esses os eixos desenvolvidos conceitual e analiticamente a seguir.

3.4 A DIMENSÃO DA PAISAGEM HISTÓRICA E FÍSICA NA DIALÉTICA TERRITORIAL

A paisagem histórica pode ser entendida como aquela que é construída e alterada por ações antrópicas, resultantes dos processos de urbanização em suas diferentes escalas. Por conseguinte, nesse âmbito, a paisagem se torna um registro da história urbana e também uma ferramenta de construção do futuro. Essa paisagem apresenta a evolução antrópica, contendo elementos da história do povoamento, suas bases econômicas, políticas, sociais, estéticas, além da sua relação com os elementos naturais, sendo eles remanescentes ou implantados.

Essa primeira definição já antecipa o caráter transdisciplinar do reconhecimento da paisagem histórica e, consequentemente, sua indissociabilidade da análise da paisagem física. Esta diz respeito ao território e às suas características naturais. Na maioria dos casos, são locais de ausência de elementos socioculturais e intervenção antrópica. Dessa maneira, é conformada pelo clima, estrutura geológica, relevo, solos, recursos hídricos, fauna e flora. Na análise urbana, os elementos conformadores da paisagem natural podem ser entendidos por meio das condicionantes físicas, que estão inseridas no meio urbano e são de fundamental importância em análises abrangentes.

A paisagem física também é a base natural para os assentamentos urbanos. A forma urbana de uma cidade responde intimamente a como se estrutura o seu relevo, onde se dispõem seus cursos hídricos, como o tecido urbano se relaciona aos entes naturais, para mencionar alguns aspectos. Paralelamente, as edificações de um assentamento urbano também podem resultar da paisagem física, especialmente em relação aos seus componentes menos tangíveis, como o clima. É comum observar, por exemplo, que a arquitetura autóctone de um lugar pode se mostrar mais permeável, ou impermeável, ao meio, a depender da severidade climática de uma região.

No caso específico do centro histórico de Veracruz, a paisagem física está no cerne dos processos de ocupação do território. Localizada na zona costeira do México, a cidade foi a porta de entrada ao Novo Mundo para os espanhóis e, segundo Vergara (2019), é caracterizada pela mistura de raças, culturas e tradições, com origem nas mais diversas identidades. Especial atenção é dada ao bairro denominado La Huaca, que possui importância na história da cidade e carece de iniciativas que garantam a correta preservação de seu conjunto histórico e de sua paisagem.

Essa breve descrição de Veracruz ilustra o que é mencionado por Santos (2014, p. 72): "a paisagem não se cria de uma vez só, mas por acréscimos e substituições", mais além, "uma paisagem é uma escrita sobre outra, é um conjunto de objetos que têm idades diferentes, é uma herança de muitos diferentes momentos".

Para fins de análise, a paisagem histórica ou construída pode ser dividida entre paisagem urbana e paisagem rural, as quais possuem dinâmicas distintas e relações entre si. No caso dos centros históricos, trabalha-se, principalmente, com a paisagem urbana. Ela possui estrutura e organização morfológica específica, formando um todo coeso de diversos elementos, entre os quais os edifícios, as ruas, os espaços livres, os espaços públicos, entre outros. Em trabalhos de intervenção em áreas urbanas, é fundamental seu mapeamento e reconhecimento, como forma de prover diretrizes e propostas urbanísticas condizentes com a atual imagem do local.

Essa indissociabilidade do reconhecimento do histórico dos lugares e povos que o construíram, associado aos seus desdobramentos na materialização da paisagem, é a premissa básica do trabalho de Vergara (2019), que une procedimentos de documentação a uma extensa análise visual do lugar, identificando os elementos que lhe são identitários.

Em sua metodologia, Vergara (2019) inicia as análises a partir de uma busca histórica e visual de dados sobre o centro histórico. Para isso, utilizou-se de informações sobre os edifícios, bem como de dados socioeconômicos e geográficos. A autora recorreu a projetos e ações de estudo anteriores, que desenvolveram a sistematização desse histórico.

Para a análise visual, houve uma pesquisa multitemática com foco na delimitação da área histórica da cidade. Essa pesquisa, combinada com o mapeamento e traçado em programas computacionais (AutoCAD), foi utilizada para desenhar e delimitar vias, quadras e também as zonas e corredores da área. Os dados foram retirados da página oficial do município de Veracruz, e a pesquisa e mapeamento citados aparecem em forma gráfica na etapa de resultados e discussão, na qual a autora traz mapas das zonas do plano diretor, equipamentos urbanos, estrutura simbólica, mobilidade e acessibilidade, uso do solo, arquitetura patrimonial, gabarito, imagem urbana, além da análise de forças, oportunidades, fraquezas e ameaças.

Além disso, foram relatadas visitas ao local para pesquisa e validação de dados, com base em informações de sites oficiais e do Plano de Reabilitação do centro histórico de Veracruz, as quais, segundo a autora, foram fundamentais para a análise da área. Esses dados preliminares serviram de base para estudos de uso do solo, altura das edificações, monumentos patrimoniais e imagem da cidade.

O primeiro mapeamento realizado é o dos limites do centro histórico, que se tornou Patrimônio Nacional em março de 2004. A área é constituída por 170 quadras que possuem edifícios de valor histórico datados do século XVII. Assim, a autora contextualiza a história de Veracruz, destacando sua importância enquanto elemento da memória e paisagem local (VERGARA, 2019).

A definição do perímetro do centro histórico, especialmente da área em que incidem as medidas protetivas, é um passo primordial à análise urbana focada na sustentabilidade. Primeiramente, é preciso reconhecer a extensão e os termos da proteção da paisagem, para que sejam reconhecidos os limites legais do processo de intervenção. Mais além, a delimitação também é útil para se fixar uma escala de abrangência da análise, que permita desenvolver o estudo multidisciplinar da área, com vistas a compreender as dinâmicas urbanas internas a ela, a suficiência que apresenta em atender as necessidades da população e, consequentemente, identificar os fluxos que concorrem ou ocorrem a partir do lugar.

A intervenção com fins de resiliência urbana é subsidiada, portanto, por estudos de análise da paisagem que envolvem a globalidade do desenho urbano atual, como é possível apreender do próprio trabalho de Vergara (2019). Nele há, por exemplo, o mapeamento das zonas e corredores da área de estudo, das vias principais e secundárias, da caracterização apresentada por essa estrutura viária, em termos de tamanho, quantidade de comércio e serviços, fluxo de transporte público, de carros e pessoas. A autora desenvolve também o mapeamento de equipamentos urbanos, que, em complementação com as zonas, corredores viários e vias, apresenta uma caracterização substancial da área.

Essas dimensões de análise podem não ser usuais a uma abordagem que preconiza o processo convencional de diagnóstico voltado à conservação. No entanto, quando se alinham os objetivos protetivos à sustentabilidade, esses dados se mostram fundamentais para a compreensão do quanto esses meios urbanos são capazes de responder às demandas cotidianas da população, possibilitando estipular os impactos da pegada ecológica dessas comunidades.

É interessante perceber, nesse sentido, que Vergara (2019) não só mapeia as atividades que ocorrem em sua área de estudo como também as estratifica em diferentes modalidades concernentes às políticas setoriais, como estabelecimentos educacionais, de saúde e socioculturais. A autora apresenta também a localização de parques, museus, hospitais e centros médicos, praças, igrejas, edifícios públicos e institucionais, teatros, bibliotecas e equipamentos de ensino diversos, avançando também na identificação de edificações de uso misto – habitações acompanhadas de comércio –, além do mapeamento de indústrias. Forma-se, assim, o mosaico completo de usos que direciona à síntese, na qual se identifica como a maior potencialidade da área a existência de diversos edifícios de caráter e valor histórico, com variados usos, inclusive serviços públicos e atividades religiosas. Ressalta-se também a quantidade substancial de equipamentos educacionais, praças e instituições culturais (VERGARA, 2019, p. 33).

Vale destacar que essa análise leva a um segundo passo de leitura e qualificação do lugar: a identificação de zonas de impulso urbano e turístico, bem como o levantamento dos potenciais de cada uma das áreas do centro histórico. Esse é um elemento fundamental na abordagem sustentável em zonas de especial interesse de preservação. Para Newman (2016, p. 147), por exemplo, a regeneração dos ecossistemas urbanos está intimamente relacionada à criação de oportunidades de emprego e serviços, no esforço de melhorar a pegada ecológica de uma comunidade. Além disso, o desenvolvimento urbano com enfoque na sustentabilidade envolve a criação de áreas inovadoras na cidade por meio de vetores de crescimento e da consolidação efetiva do território (NEWMAN, 2016, p. 148).

Evidentemente, o acesso a essas áreas passa por outra questão de relevância abordada por Vergara (2019): a mobilidade e a acessibilidade. Essa análise se inicia pela sinalização do fluxo das vias como alto, médio ou baixo, contemplando também as rotas peatonais. A qualificação da caminhabilidade é tematizada a partir da sinalização dos sentidos das vias e da identificação de zonas de conflitos viários.

Os aspectos de humanização do espaço público, que repercutem tanto na vitalidade de um meio urbano como no convite ao exercício da caminhada, também podem ser aferidos na identificação das estratégias de ocupação do solo. Nesse ponto, grande importância tem o mapeamento do gabarito das edificações, como desenvolvido por Vergara (2019). O centro de Veracruz, segundo a autora, tem uma predominância de edificações de até três pavimentos. Já nos corredores de comércio e serviços estão as edificações que possuem de quatro a sete pavimentos, sendo os exemplares que ultrapassam essa marca pontuais no espaço urbano analisado.

As análises de gabarito podem ser utilizadas em procedimentos convencionais de diagnóstico da paisagem com vistas à preservação, de modo a identificar os paradoxos e modelos de ocupação perniciosos à manutenção dos aspectos genuínos do lugar. Na abordagem direcionada aos ideais de sustentabilidade, os estudos de gabarito podem se relacionar a outras dimensões, como o potencial de humanização do espaço público a partir da escala de ocupação do território e as densidades urbanas praticadas.

A não verticalização incisiva do centro histórico de Veracruz leva a inferir que há uma relação recíproca da arquitetura com a escala do pedestre, que permite o domínio visual e auditivo mútuo entre os que permeiam o espaço público e os que permanecem nos edifícios, uma circunstância celebrada nos mecanismos de certificação da sustentabilidade urbana. Um aprofundamento analítico nos índices de densidade do bairro em questão, na análise de Vergara (2019), poderia contemplar uma reflexão sobre o quanto essa paisagem praticada em modelos de ocupação pouco verticalizados também apresenta um desempenho satisfatório em termos de densidade populacional. Essa, evidentemente, seria uma inferência a partir dos dados objetivos de análise da paisagem histórica, e essa circunstância induz a tematizar as abordagens relacionadas à metapaisagem.

3.5 COMPREENDENDO A METAPAISAGEM A PARTIR DE LEVANTAMENTOS PRIMÁRIOS

A metapaisagem é compreendida como o conjunto dos significados e metáforas que a paisagem apresenta a partir das apropriações dos espaços. O conceito traz um sentido para além do visual e da ambiência, com a reflexão sobre como a paisagem expressa valores e dinâmicas de constituição social (VERGARA, 2019). Para Santos (2014, p. 75), "a paisagem deve ser pensada paralelamente às condições políticas, econômicas e também culturais". Nesse sentido, é de importância o estudo da paisagem cultural, sendo ela uma dimensão fundamental dentro das definições e análises dos elementos da metapaisagem.

A paisagem cultural surge a partir da ideia de que o espaço é uma construção social, e sua interpretação depende dos elementos culturais que estão inseridos nessas dinâmicas. Segundo Weissheimer (2012), o conceito evoluiu ao longo do tempo e, a partir do lançamento no Brasil da Portaria n. 127, de 2009, passou a ser definido como "uma porção peculiar do território nacional, representativa do processo de interação do homem com o meio natural, à qual a vida e a ciência humana imprimiram marcas ou atribuíram valores" (WEISSHEIMER, 2012, p. 3). Consequentemente, a paisagem cultural é o resultado da cultura como agente, em um meio ou espaço sob a ação humana.

A partir do exposto, entende-se que a compreensão sobre as amplas variáveis que formam a paisagem é essencial nos processos de planejamento com respeito às preexistências. Para Santos (2014), a paisagem é um mosaico, com um funcionamento unitário, mas em permanente mudança. Por consequência, as especificidades locais, resultantes dos processos de urbanização e formação do espaço, devem passar por uma análise crítica, que aponte os principais elementos conformadores da paisagem local e as interações com as condicionantes físicas, sociais, espaciais, econômicas e culturais envolvidas na formação da paisagem.

Essas dimensões convergem para o que Vergara (2019) chama de uma análise da estrutura simbólica do lugar, extraída especialmente da identificação dos marcos. Estes são elementos visuais construídos que se relacionam a acontecimentos importantes para a história do local, incluindo parques, museus, praças, igrejas e edifícios públicos. A autora também justapõe os marcos com os equipamentos urbanos, mostrando não só os pontos de concentração, mas compreendendo também a importância das estruturas que assistem a população na conformação da referência de lugar.

Esse mapeamento se inicia na etapa de análise da paisagem histórica, especialmente no levantamento dos bens culturais protegidos, anteriores e posteriores ao século XX. Vergara (2019) também estratifica essa informação, sinalizando em mapa os períodos temporais de inserção desses edifícios e sua concentração no território.

O desenvolvimento das análises de meta paisagem se institui especialmente quando os diagnósticos setoriais da paisagem histórica e física são relacionados. Numa análise acerca das dinâmicas urbanas na área e os desafios de preservação na condição de um centro popular, Vergara (2019) destaca a má conservação de edifícios de propriedade e uso privado e a boa conservação dos que abrigam equipamentos públicos. No mapeamento da imagem urbana, ela também identifica os espaços que possuem imagens homogêneas que enfatizam a arquitetura do lugar e áreas que estão com a imagem urbana deteriorada.

Mas o que é interessante perceber é que a análise da metapaisagem não somente se dá a partir da identificação e leitura dos marcos, mas também contempla as inferências que se desenvolvem a partir dos estratos analíticos advindos do diagnóstico da paisagem física e histórica. Nessa linha, ao analisar os usos do solo, a autora estrutura o mapeamento em temáticas, destacando e analisando cada uso em separado, para depois gerar o mosaico de usos da área. Essa estratégia permite compreender as dinâmicas urbanas, que são dimensões intangíveis inferidas da leitura da paisagem material.

Na abordagem estratificada, vislumbra-se, por exemplo, a vocação comercial da área, elucidada pela extensão do comércio no bairro como um todo. Já na tipificação do uso residencial em diferentes modalidades, como habitações de classe média, de interesse social e habitacional popular, evidencia-se a formação das primeiras periferias desse centro urbano. Além disso, a desigualdade no exercício do direito à cidade é uma condicionante revelada na articulação dos dados de moradia às estruturas públicas, uma vez que as áreas verdes e os principais equipamentos urbanos se distanciam dos bolsões habitacionais das classes menos favorecidas.

A análise objetiva do uso do solo ainda possibilita a inferência de outras dinâmicas urbanas na ótica da metapaisagem. A macrocaracterização do centro histórico como uma zona de uso misto e de predominância de habitações de caráter popular sinaliza potencialidades no desempenho ecológico. Vergara (2019) promove a reflexão de quanto o uso misto reduz a demanda por transporte, encurtando distâncias e diminuindo o uso do transporte individual como solução de mobilidade. A autora conclui que "uma das vantagens do centro histórico da cidade é o seu carácter compacto, devido ao uso intensivo do solo em algumas zonas acompanhadas por corredores de serviços no território, o que influencia uma maior integração social e melhor acessibilidade ao local" (VERGARA, 2019, p. 54, tradução nossa),[5] ambas dimensões celebradas nos quesitos de complexidade urbana e coesão social, lançadas como premissas em vários sistemas de certificação urbana com enfoque na sustentabilidade.

3.6 OBJETIVOS DE INTERVENÇÃO ESPECÍFICOS PARA CIRCUNSTÂNCIAS ESPECÍFICAS

O amplo processo analítico desenvolvido por Vergara (2019) converge para um objetivo principal: associar as ações de melhoria do desempenho ecológico do lugar à sua identidade. Trabalhar esse objetivo, na concepção da autora, significou estratificar as intervenções pensadas em três níveis: regeneração, reabilitação ou recuperação.

Para Vergara (2019), a regeneração se refere à reconstrução da identidade do lugar por meio da potencialização do existente, visando à conectividade com outras partes da área urbana. É interessante perceber que, dos quatro eixos de intervenção definidos pela autora, dois se centram nos objetivos de regeneração. São eles: "La Huaca" e "Mobilidade".

No eixo "La Huaca", a autora aborda o conceito de regeneração com o objetivo de reduzir a desigualdade e a discriminação no bairro de estudo e enfatizar os princípios de equidade e diversidade, garantindo um acesso justo à arquitetura da cidade por todos os usuários. Pode-se entender que essa leitura surge a partir das análises que tratam da presença expressiva de habitação popular nessa área e da ideia de que os processos de requalificação devem estar comprometidos com a diminuição da segregação. Ademais, pode-se levar em conta que a reconstrução da identidade do lugar passa por entender que o aspecto mais determinante do valor cultural do centro histórico de Veracruz está na diversidade de povos e etnias que o conformaram e que precisam ser igualmente visibilizados no processo de intervenção.

No primeiro eixo, La Huaca, o foco está na renovação urbana orientada a projetos de inclusão, resgatando a imagem das vias importantes para o bairro e para a sua população e o reconhecimento da dimensão da cultura, da arte e da recreação, fomentando o uso cultural ao ar livre. Para tanto, são elencados seis objetivos, que incluem a proposição de cores, o uso de vegetação endêmica, o aumento da iluminação,

[5] No original em espanhol: "Una de las ventajas del centro histórico de la ciudad es su carácter compacto, esto debido al uso intensivo de suelos en algunas zonas acompañadas de corredores de servicios en el território, esto influye en una mayor integración social y en una mejor accesibilidad al lugar" (VERGARA, 2019, p. 54).

a reestruturação das calçadas, a conservação de fachadas e a implementação de painéis informativos narrando a história do lugar.

Vale notar que, se a regeneração é um processo que se pauta na reconstrução da identidade e na potencialização do existente, essas iniciativas pontuadas por Vergara (2019) reconhecem e ampliam a força da escala humana do desenho do assentamento tradicional. Nesse sentido, todas as ações de verdejamento, de manutenção e pintura das fachadas, de incremento em estruturas que trabalhem uma noção de segurança passiva somam-se a um contexto urbano de edificações de gabarito harmonizado à escala do pedestre, de ruas puramente peatonais, para mencionar alguns aspectos.

O eixo de mobilidade complementa esse primeiro rol de ações, uma vez que se centra principalmente no convite à caminhabilidade. As metas pontuadas por Vergara (2019) nessa temática são: priorizar o pedestre, melhorar as calçadas – buscando acessibilidade – e garantir à população local diversas opções de mobilidade.

Esses objetivos se subdividem em três categorias de intervenção. A primeira delas é a criação de uma rede de nós estratégicos, contribuindo com a mobilidade e com o acesso aos modais tanto de transporte coletivo quanto de bicicletas. Para isso, a autora identifica as vias de maior influência e também os locais mais movimentados do centro histórico, o que demonstra o amadurecimento de uma solução alicerçada nas características e na potencialidade do lugar. Além da previsão de implantação de uma ciclovia nas avenidas de maior fluxo, são outras ações pensadas para o centro histórico a reestruturação das calçadas, a melhoria de sua sinalização e o aumento de sua largura. Essa qualificação se articula à implantação de mobiliário urbano, tratamento do solo, acessibilidade por meio de rampas e sinalização, além do uso da vegetação endêmica, melhorando a ambiência geral dos espaços (VERGARA, 2019).

Como comentado no início deste capítulo, os grandes riscos do processo de regeneração estão nas medidas de renovação urbana que podem acarretar a perda dos aspectos genuínos da área. O que se observa é que essas ações, de fato, repercutem em mudanças na estruturação da paisagem, mas, sobretudo, o fazem buscando os lastros com a paisagem física (uma vez que, por exemplo, as estratégias de verdejamento incorporam espécies endêmicas). Essa relação também se desenvolve com a paisagem histórica e a metapaisagem, especialmente quando as ações transformadoras se relacionam com a atenuação das assimetrias sociais que solaparam a coesão da área e com a garantia de que o espaço público e sua paisagem possam ser objeto de fruição universal.

Vergara (2019), para além da reconstrução da identidade e da potencialização do existente, preconiza também reconstruir a estrutura física do espaço público. Esse processo a autora define como reabilitação. Essa gradação de intervenção é marcada por um único eixo de atuação intitulado "Espaço Público".

O propósito do eixo de reabilitação se alia ao de regeneração, uma vez que ambiciona construir um território com acesso igualitário à cidade e buscar coesão nos espaços públicos do centro histórico, por meio da imagem urbana e de sua legibilidade. Nesse item, o foco das ações projetuais está na proposição de elementos de identificação do espaço, qualificando-o globalmente em sua estrutura. Assim, para além das ações projetuais já mencionadas, promovem-se nesse eixo a melhoria da permeabilidade e drenagem urbana e a inserção de novos tratamentos das superfícies, como a incorporação de formas curvas, simbolizando as ondas do mar de Veracruz, por meio do desenho de piso e do paisagismo (VERGARA, 2019).

Atuar na estrutura da imagem, como convidam autores como Lynch (1960/1997), é um meio eficiente para se trabalhar a legibilidade do desenho urbano. Essa ação é especialmente interessante quando visa articular a intervenção nos centros históricos ao intento de sustentabilidade. Já se mencionou a importância da provisão de comércio, serviços e equipamentos institucionais nos meios urbanos, e junto aos bolsões de moradia, para a redução da pegada ecológica das comunidades, uma vez que atenuam a demanda por deslocamentos automotivos para além do território. No entanto, a falta de legibilidade da imagem urbana pode ser um fator que, inclusive, obscurece a percepção de que há a provisão adequada de serviços aos olhos do cidadão. A má consolidação da imagem urbana e a má qualificação dos espaços desencoraja fluxos e lança usuários para além do território, buscando atendimento a demandas que, muitas vezes, encontram-se ofertadas em seu próprio interior.

É interessante perceber que Vergara (2019) busca a estruturação dessa paisagem de diferentes modos, e todos eles acabam por se colocar como responsivos ao contexto. Pode-se destacar as estratégias de arborização e qualificação em infraestrutura e mobilidade das vias principais, ressaltando sua importância no contexto comunitário; o uso das cores, que emerge da cultura local; os grafismos da paginação de piso, que advêm da paisagem natural: são pontuações dialéticas do novo na paisagem territorial preexistente.

Para finalizar os campos de atuação, a linha de recuperação é tematizada de modo a orientar ações que façam com que o local volte a ser o que era anteriormente, ou seja, buscar um regresso a um estado de normalidade após uma situação difícil (VERGARA, 2019). Essa temática envolve um único eixo intitulado "Segurança", que visa recuperar a confiança das pessoas na segurança existente no centro histórico.

O principal intuito desse eixo é evitar que a insegurança seja uma barreira de acesso aos equipamentos e espaços públicos. A percepção de segurança ao pedestre no espaço urbano é importante no processo de análise e de entendimento do cotidiano da população. Segundo Vergara (2019), a área do centro histórico está entre as dez mais perigosas da cidade. Assim, são propostos módulos de segurança e informação nas principais avenidas e pontos críticos, que consistem em pequenas guaritas onde, durante o dia, existem informações turísticas, e durante 24 horas é oferecida segurança ativa à população e aos visitantes. Quanto à iluminação, existe a proposta de ampliação do circuito existente, gerando uma melhor ambiência e confiança nos pedestres do centro histórico e seu entorno (VERGARA, 2019).

A preocupação de Vergara (2019) em designar um eixo exclusivo à recuperação da segurança por estratégias ativas e passivas confere luz a um tema que transversalmente deve ser trabalhado nas intervenções em centros históricos de países em desenvolvimento, nos quais se observa uma grande assimetria social. É inconcebível estimular a ativação das áreas de interesse de preservação, seja na fruição do patrimônio, seja nos termos da criação de zonas inovadoras, como propõe Newman (2016), sem assegurar que a percepção de um ambiente seguro esteja no cotidiano da população.

É somente quando se focalizam os habitantes do território nas ações projetuais, promovendo apropriação e evitando processos de segregação, como propõe Vergara (2019), que ideias como essas são formuladas. A autora afirma que, com o projeto, "[...] busca-se um urbanismo humano, resiliente e sustentável, orientado para um direito equitativo à cidade e para o bem-estar dos habitantes desse sítio" (VERGARA, 2019, p. 26, tradução nossa),[6] convergindo para uma noção de que sustentabilidade se associa à qualidade de vida urbana. Esse entendimento se torna explícito quando a autora afirma que o urbanismo deve ser utilizado "[...] como uma ferramenta para promover e melhorar a qualidade de vida das pessoas e, por conseguinte, quebrar as barreiras da desigualdade e da pobreza que aprisionam muitos habitantes deste lugar" (VERGARA, 2019, p. 48, tradução nossa).[7] O que cabe ressaltar ainda é que, sem uma leitura atenta dos estratos sociais e também da tipificação das habitações, analisando ainda seu atendimento por equipamentos públicos, não seria possível tematizar a desigualdade e a pobreza no projeto. Evidentemente, os abismos sociais de uma cidade não conformam uma condição a ser esgotada na intervenção urbana, mas até mesmo na possibilidade de incentivar o turismo e criar atrativos para a área está um compromisso firmado por Vergara (2019) em abrir frentes ocupacionais e possibilidades de acesso à renda por uma população menos favorecida.

A compreensão de que o uso misto e a condição de centralidade comercial são potenciais expressos genuinamente no lugar também faz com que Vergara (2019) proponha, de modo legítimo, a melhoria das dinâmicas viárias locais e a possibilidade de aplicação de uma arquitetura voltada à escala do pedestre e às suas necessidades, como o aumento do transporte público, melhorias nas calçadas e implementação de ciclovias, conduzindo a um projeto de valorização do turismo.

A partir dos conceitos teóricos e metodológicos aplicados pela autora, nota-se que no projeto houve uma análise multitemática que gerou objetivos claros e detalhados. Os meios teóricos foram bem aplicados, e as diretrizes de intervenção mostram as possibilidades de solução dos problemas apontados pela autora no decorrer de sua análise, vislumbrando como as ações propostas poderiam contribuir para uma melhoria das ambiências locais, valorizando as potencialidades do tecido tradicional.

---

[6] No original em espanhol: "[...] se busca un urbanismo humano, resiliente y sustentable dirigido hacia un derecho equitativo de la ciudad y hacia un bienestar de los habitantes de este sitio" (VERGARA, 2019, p. 26).

[7] No original em espanhol: "[...] como una herramienta que promueva y mejore la calidad de vida de las personas, y por ende, rompa con las barreras de desigualdad y pobreza que aprisionan a muchos habitantes de este lugar" (VERGARA, 2019, p. 48).

3.7 CONSIDERAÇÕES SOBRE A COMPOSIÇÃO DE PROCEDIMENTOS ANALÍTICOS RESPONSIVOS ÀS MUDANÇAS CLIMÁTICAS E À IDENTIDADE DO LUGAR

Este tópico busca avaliar o método de Vergara (2019), refletindo sobre o que é satisfatório e o que pode ser aprimorado nos procedimentos de análise aplicados aos centros históricos, buscando a sustentabilidade frente aos processos de mudanças climáticas. As ações urbanas, que possuem como contexto preexistências, tornam-se complexas, mostrando a necessidade de sistematizar os procedimentos de análise a serem adotados. Para Vallejo (2019, p. 276), "em um centro histórico, há tantas camadas sobrepostas, tantas condições não evidentes e tantos processos ocorrendo que é difícil abarcar sua complexidade e compreender suas oportunidades". Assim, o autor traz questionamentos sobre como realizar intervenções que não alterem o equilíbrio instável, compreendendo que o local de intervenção já possui suas próprias dinâmicas, as quais devem ser potencializadas por meio das proposições projetuais (VALLEJO, 2019).

Dessa forma, quando um centro histórico é analisado, existem dinâmicas e elementos que vão além dos monumentos, edifícios e espaços públicos existentes no local. Segundo Vallejo (2019), entram nas análises e discussões questões como "atividades de coesão social, economia, gestão e políticas públicas, mobilidade, cultura, tradição, identidade, patrimônio, legislação e meio ambiente" (VALLEJO, 2019, p. 277). O autor ainda ressalta que é importante analisar as camadas em conjunto, para ter uma visão real dos processos existentes e buscar uma transformação integral e que qualifique o espaço (VALLEJO, 2019).

Nesse sentido, grande importância tem a dimensão da regeneração, trabalhada por Vergara (2019), que se constitui na reconstrução e resgate da identidade do lugar, potencializando o existente e o conectando a outras partes da cidade. Na intervenção em centros históricos, o conceito de regeneração ganha importância na medida em que alinha o processo de estudo do lugar ao que Viana (2010) ressalta como fundamental: compreender as relações entre os vários assentamentos da cidade.

Já a reabilitação, que trabalha a reconstrução da estrutura física, mostra-se como o campo mais fértil para a aplicação de soluções de design verde, sustentabilidade ou urbanismo regenerativo, com vistas à mitigação dos impactos das mudanças climáticas. A recuperação, por outro lado, é pontuada em Vergara (2019) como uma dimensão favorável a se trabalhar o olhar sensível e atento do urbanista, buscando compreender quais são os aspectos genuínos do tecido urbano tradicional que podem apresentar um desempenho satisfatório aos objetivos de resiliência às mudanças climáticas.

O que se observa, desse modo, é que as gradações pontuadas pela autora podem constituir uma primeira aproximação metodológica para pensar os níveis de intervenção nos centros históricos a partir dos objetivos de resiliência. Contudo, suas contribuições não se resumem somente a esse aspecto.

Apreende-se, no referencial teórico que embasou esta discussão, que o trabalho dialógico, a valorização do espaço percebido, a compreensão do uso social dos espaços, dos significados da vida cotidiana, da realidade dos usuários e do intercâmbio de saberes entre os técnicos e a comunidade são pilares essenciais à intervenção responsiva ao contexto. Nesse sentido, o conceito de dialética territorial, ao passo que contribui exatamente no cerne dessas demandas, apresenta um grande potencial de aprimoramento nos processos analíticos e propositivos sobre o lugar. Também se deve enfatizar que o conceito de metapaisagem, em associação com o conceito de paisagem cultural, é essencial para compreender essas dimensões cotidianas e sociais expressas nas dimensões aqui elencadas.

Vale destacar, nesse sentido, o compromisso de Vergara (2019) em se aproximar das pessoas que vivem no local, fixando como um objetivo de intervenção a sua permanência. Ressalta-se, ainda, que o diagnóstico estratificado dos usos do solo e a imersão na paisagem foram as dimensões que permitiram identificar a projeção das habitações populares e as melhorias infraestruturais necessárias para a qualificação dos contextos de moradia das populações menos favorecidas. Nesse sentido, há a valorização do espaço vivido e percebido, além da preocupação em atender as demandas cotidianas da população, promovendo a aproximação à cultura local.

Como afirma Vallejo (2019, p. 276), "em muitos centros históricos encontramos a memória 'viva', a vida urbana em si". Vale ressaltar ainda, como pontua o autor, que muitas vezes essa "vida" se desloca "para outros locais periféricos, seguindo as pessoas que abandonam o centro em busca de mais qualidade de vida, incentivadas por dinâmicas de crescimento, falta de planejamento ou controle urbanístico e políticas urbanas". São essas dinâmicas que promovem o crescimento das periferias e transformam os centros em "áreas decadentes que expulsam seus moradores" (VALLEJO, 2019, p. 276). Essas condições não só pontuam alguns dos desafios de tematização das áreas de interesse de preservação nos países em desenvolvimento como também, ainda segundo Vallejo (2019, p. 278), constituem "os maiores obstáculos para o desenvolvimento sustentável dos centros históricos", que se somam e se agravam diante da influência dos interesses privados e da "inércia, imobilidade e exclusão dos grupos mais vulneráveis" (VALLEJO, 2019, p. 278).

Essas circunstâncias lançam ainda maior projeção à necessidade de dar voz às comunidades envolvidas, compreender o que é sustentabilidade e patrimônio em sua ótica, identificar seu estágio de desenvolvimento, as pressões que atuam em seu território e seu histórico de constituição. O que é interessante perceber da afirmação de Vallejo (2019) é que, por vezes, as populações locais se encontram em tal escala de exclusão e opressão nas dinâmicas da cidade que se torna difícil pavimentar e encorajar o trabalho dialógico. Em certa medida, depreende-se esse exato processo do contexto relatado por Vergara (2019) no centro histórico de Veracruz. Como alternativa a uma primeira aproximação a esse cenário de vulnerabilidade, a autora não somente se instrumentaliza a partir do levantamento histórico como promove um reconhecimento da história e das condicionantes atuais do território a partir de uma análise substancial da paisagem histórica, ou seja, o que o espaço fala pelas pessoas quando estas, por múltiplos motivos, não exercem seu direito de participação.

Levantar as características físicas do lugar, a composição social, as dinâmicas e hierarquias que nele se estabelecem são aspectos, portanto, imprescindíveis, ainda mais considerando os contextos de assimetrias sociais acentuadas. Vergara (2019) explora essas condicionantes em seu estudo. No entanto, talvez maior fôlego devesse ser conferido aos dados socioeconômicos, como renda da população, idade e densidade populacional, buscando compreender, para além de uma visão morfológica e de imagem local, os fatores econômicos e sociais que se apresentam na área. No Brasil, por exemplo, análises como essas podem ser complementadas com dados do Instituto Brasileiro de Geografia e Estatística (IBGE), com o mapeamento por setores censitários, além da consulta a cadastros de assistência social, para mencionar algumas estratégias.

Agregar esses dados e promover inferências a partir da paisagem do lugar são pontos que subsidiam as interpretações próprias da metapaisagem e da paisagem cultural. Esses dois conceitos embasam análises críticas aplicadas ao estudo dos elementos conformadores da paisagem, entendendo que, para além da composição visual, existem condicionantes físicas, sociais, espaciais, econômicas e culturais envolvidas nesse processo (SANTOS, 2014).

Outro ponto também ressaltado como primordial na análise das condicionantes preexistentes é a identificação dos signos e significados expressos na paisagem, ou seja, como se dá a construção do sentido de lugar. Essa essência primordial é o que permite reconhecer o valor de preservação e acessar o cerne do que deve permanecer imutável. É interessante perceber, nesse sentido, que Vergara (2019) busca identificar elementos marcantes já presentes na paisagem e os incorporar na intervenção, como é o caso das cores e dos bens caracterizados como patrimônio edificado. As análises se somam aos procedimentos documentais, identificando visualmente como se constitui a paisagem local, a partir de seus elementos identitários. A busca pela preservação das edificações inclui a valorização da memória local, agregando novo sentido ao existente e resgatando sua história.

Como embasamento nessas questões, a autora lança mão do conceito de dialética territorial, promovendo a reivindicação da identidade nas transformações do território. Outro ponto importante é que existe a definição de medidas que buscam a harmonização das novas intervenções à identidade do lugar. Dessa forma, o que se apreende é que a adoção desse conceito em análises aprofundadas é essencial para o estímulo ao olhar sensível do urbanista ao objeto de estudo. Nota-se, adicionalmente, que o conceito de dialética territorial é altamente promissor nas intervenções nos centros históricos com objetivos de resiliência. No entanto, como é uma definição ainda emergente, desenvolve-se de modo muito genérico e apresenta pouca operacionalidade, o que sinaliza uma lacuna a ser mais explorada em estudos futuros.

Para além disso, os conceitos de metapaisagem e paisagem cultural podem ser igualmente importantes para a compreensão dos processos identitários e da apropriação dos espaços pela população local. A metapaisagem aborda os significados que a paisagem adota a partir das vivências e dinâmicas sociais. Por sua vez, a paisagem cultural versa sobre como ocorreu a construção social do espaço. Dessa forma, ambos se mostram indissociáveis e imprescindíveis ao processo analítico.

Também há que se acrescentar, a um protocolo de análise de contextos de interesse de preservação com objetivos de sustentabilidade, a necessidade de desenvolver estudos relacionais com as circunvizinhanças, polos de desenvolvimento das cidades, para mencionar algumas condicionantes de interesse. A essa análise, soma-se também compreender o grau de qualificação ou precarização da infraestrutura do contexto preexistente.

A análise integrada é de extrema importância nos estudos urbanos orientados à sustentabilidade, especialmente ao contemplar variadas escalas de estudo. Em Vergara (2019), essa transição multiescalar foi pouco favorecida pela ênfase exclusiva no centro histórico. No mapeamento desenvolvido pela autora, até é possível visualizar a estrutura morfológica do entorno, entretanto, não há um aprofundamento nas interações estabelecidas entre o restante da cidade e a área de estudo. Cumpre notar que, sem a transição escalar, há prejuízos tanto para o entendimento como para a valorização das medidas propostas, impedindo também uma síntese mais substancial acerca da melhoria do desempenho ecológico do lugar.

Vale mencionar que as medidas definidas pela autora na escala do bairro, diante dos temas trabalhados no estudo do lugar, tornam-se mais compreendidas e amplamente fundamentadas. Um tema sobre o qual Vergara (2019) se debruça em análise e proposição, por exemplo, é o levantamento das necessidades e do acesso da população a serviços e equipamentos essenciais. A autora mapeou os principais equipamentos da área, mostrando como está localizado o atendimento de uso institucional, que se concentra em partes específicas do território, sem atender o todo de maneira completa. Nesse sentido, a ampliação da rede de equipamentos públicos e a reversão de usos de edificações com interesse de preservação são medidas que encontrariam campo fértil para sua formulação e sustentação.

Já no campo da infraestrutura, a cobertura por transporte coletivo poderia ser um ponto a ser mais explorado no acesso da população a bens e serviços essenciais. Poderiam ser temas a ser acrescentados ao repertório de análise de Vergara (2019) análises espacializadas das linhas de transporte coletivo, acesso caminhável aos pontos de conexão com os modais, diversificação dos modais, pesquisas de origem e destino.

É fato que o levantamento dos elementos ligados ao atendimento das demandas da população relaciona-se com a capacidade de desenvolver o trabalho dialógico. Conforme reflexão a partir de Vallejo (2019), as dinâmicas sociais que historicamente se colocam na sedimentação de um território podem dificultar os canais de expressão e comunicação da população. As assimetrias sociais apreendidas no contexto do centro histórico de Veracruz, as disparidades internas ao território colocaram-se, possivelmente, como entraves a desvelar, em sentido mais amplo, as necessidades e a própria compreensão da população local daquilo que pode ser entendido como qualidade de vida, sustentabilidade ou até mesmo do que configura a noção de impacto ambiental.

Assim como a percepção e a construção dos sentidos e conceitos pelas pessoas são todos aspectos importantes no processo analítico, também o é o posicionamento do urbanista com relação à paisagem, especialmente na reflexão sobre quanto podem residir na estrutura urbana preexistente soluções naturalmente resilientes. Essa reflexão, mais uma vez, é rememorada em Vergara (2019) a partir da aplicação do conceito de dialética territorial, que traz em sua gênese o intento de adequar as intervenções à identidade local. A indissociabilidade do estudo da paisagem física, da paisaem histórica e da metapaisagem também elucida o que é genuíno e de manutenção indiscutível no território. A leitura da paisagem histórica e física permite identificar as peculiaridades e dimensões emblemáticas do lugar, e a metapaisagem, ligada às outras duas dimensões, permite o amplo entendimento de como os fatores físicos e históricos se relacionam à construção da identidade local, que deve também ser preservada.

Downtow (2009b) afirma que a cidade plenamente sustentável é um mito, mas que é preciso considerar, com zelo, o potencial adaptativo dos meios urbanos. Quando se tecem análises de resiliência mediante soluções que já estão esboçadas no tecido urbano tradicional, essa análise deve passar, invariavelmente, por responder o quanto essa arquitetura e essa estrutura urbana tradicional se desenvolveram de modo responsivo a essa paisagem física. Portanto, quando tematizam o estudo da paisagem na resiliência dos centros históricos às mudanças climáticas, a paisagem física não deve ser encarada somente pela perspectiva da leitura dos marcos naturais, mas também em relação a quanto essa natureza suscitou uma paisagem construída responsiva a esse meio. Por conseguinte, é importante averiguar as intersecções e complementaridades existentes entre a paisagem física e a paisagem histórica, compreendendo os principais marcos da produção do espaço e como essas mudanças se relacionaram com o meio físico, a partir de alterações no equilíbrio local.

Ainda, vale lembrar que a estratificação do entendimento dos vários sentidos e dimensões da paisagem no contexto dos centros históricos é primordial à intervenção sensível ao lugar. Desse modo, um bom direcionador para se avaliar se o estudo do lugar se desenvolve em respeito à preexistência é ver se nos objetivos de análise estão expressas intenções de compreensão e leitura do lugar nas diferentes óticas e qualificações de paisagem.

Essa multiplicidade de olhares analíticos, que promove uma abordagem multitemática, também instrumentaliza o urbanista a desenvolver esse olhar sensível. No caso de Vergara (2019), o caráter compacto do centro histórico de Veracruz, a vocação comercial e direcionada ao uso misto e a reflexão acerca dos gabaritos praticados nas edificações foram todos pontos ressaltados como potencialidades inerentes ao território preexistente no que diz respeito ao desempenho ecológico.

Evidentemente, essas potencialidades genuínas do lugar são pontos passivos na coadunação dos objetivos de preservação aos de sustentabilidade. No entanto, há uma dimensão ainda mais delicada que emerge da síntese analítica: o que deve permanecer, incluindo, ou não, esses pontos consensuais ao duplo objetivo? O que pode ser modificado? Quais são os limites para a transformação?

Nos casos dos contextos protegidos legalmente, tais limites se tornam mais explícitos no corpo abstrato da lei: definição de perímetros e parâmetros de preservação, áreas de amortecimento, para mencionar alguns aspectos. Mas, por vezes, o que se enfrenta no processo analítico e propositivo é uma permissividade maior, relacionada às estratégias de preservação e suas sanções, ou até mesmo a identificação de redutos tradicionais ainda não protegidos. O centro histórico de Veracruz se encontra na primeira situação: é inventariado, delimitado e protegido. No entanto, não se trata de um território homogêneo, o que leva Vergara (2019) a identificar as áreas de maior concentração de bens protegidos, as áreas cuja imagem urbana está mais ou menos desestruturada e onde exatamente estão os marcos identitários. Esse exercício de identificação faz emergir do lugar em si os limites da intervenção quando estes não estão postos no texto da lei.

Nesse sentido, aquilo que permanece ao longo das décadas e até séculos de ocupação é, independentemente do rigor legal, a cultura preservada por iniciativa daqueles que habitam o território. Trata-se, portanto, de registros materiais de sua cultura em convite à valorização. Já ao que se degenerou parece não haver resposta pronta; antes, cada processo analítico deve investigar os motivos da derrocada. Em Veracruz, Vergara (2019) avança nessa investigação, observando que a vulnerabilidade social e econômica daqueles que abrigam a área se materializa numa paisagem em que as edificações públicas contrastam com as privadas, cujo estado de deterioração se mostra bem mais avançado.

Nos redutos tradicionais das cidades sobre os quais o estatuto protetivo ainda não incide, pode-se lançar mão de outros recursos de análise de seus contextos internos. Dessa maneira, buscar identificar as unidades de paisagem que coexistem nos territórios, valendo-se dos recursos apresentados em obras clássicas da morfologia urbana, identificando padrões e características qualitativas e estéticas recorrentes nas áreas, podem ser métodos a serem incorporados nesses casos específicos.

Essa análise pormenorizada das características urbanas foi desenvolvida em Vergara (2019) e serviu de mote para várias proposições no âmbito das intervenções. A autora propõe que as edificações protegidas tenham destaque na paisagem, criando e qualificando espaços que as valorizem, trabalhando com o cromatismo peculiar ao lugar, potencializando a escala humana e evocando os elementos que constituem a paisagem física. Todos esses aspectos são fundamentais às intervenções em centros históricos, de modo a promover o diálogo com as preexistências e evitar alterações bruscas na imagem do entorno, que poderiam fazer o espaço perder suas características originais. Assim, é preciso haver um detalhamento do que deve permanecer e, ainda, por quanto tempo, buscando uma intervenção que respeite a história local.

3.8 CONSIDERAÇÕES FINAIS

Este capítulo teve como enfoque apresentar contribuições ao processo analítico dos contextos de interesse de preservação, no duplo objetivo de salvaguardar a identidade do lugar e proporcionar uma melhoria efetiva em seu desempenho em sustentabilidade.

A principal questão lançada foi desvelar conceitos e processos que pudessem associar ambos os objetivos em ganhos mútuos, evitando a degeneração da paisagem mediante incisivos processos de renovação urbana.

A principal síntese que pode ser extraída do que foi apresentado é que, de fato, promover essa análise com vistas a esse duplo objetivo é uma ação que não transgride a lógica dos procedimentos tradicionais, pelo contrário, eles ainda se encontram expressos nos intentos de reconhecer a história do lugar, os antecedentes, os elementos identitários, as estratégias de uso e ocupação do solo, a leitura da imagem urbana, das dinâmicas urbanas, da associação entre as diferentes identidades da paisagem, para mencionar alguns aspectos. Ocorre que os procedimentos, meios e recursos tradicionais são aprofundados e promovem-se abordagens multidisciplinares ao campo do urbanismo, o que confere novas tônicas aos objetivos que tradicionalmente guiam o processo de análise com vistas à preservação.

Vislumbra-se que um desdobramento promissor desta primeira imersão teórico-conceitual deva se dar com vistas a sistematizar, num único protocolo de análise, todos os objetivos, meios, reflexões, aplicações conceituais e procedimentos descritos ao longo deste capítulo. Outro exercício válido é esgotar o relacionamento desses recursos com a literatura pertinente na área da morfologia urbana, avançar no crivo dos indicadores de sustentabilidade e dos índices que expressam o bom desempenho ecológico para conferir ao processo analítico balizas de resposta às lacunas que eventualmente foram destacadas ao longo deste capítulo, e que residem principalmente em avaliar quão sustentável é o desempenho da estrutura preexistente. Mais além, a complexidade delineada ao longo desta exposição já direciona à necessidade de trabalhar o processo analítico em perspectivas informacionais e que se valham de recursos como a digitalização, o georreferenciamento, a parametrização dos processos de estudo e uma base que possibilite a interoperabilidade de diversos analistas e consultores na análise dos contextos de interesse de preservação.

REFERÊNCIAS

DOWNTOW, Paul F. Finding fractals: identifying elements of the ecocity. *In*: DOWNTOW, Paul. F. (org.). *Ecopolis*. Berlin: Springer Science, 2009a. p. 180-219.

DOWNTOW, Paul F. Synthesis I: City ecology. *In*: DOWNTOW, Paul. F. (org.). *Ecopolis*. Berlin: Springer Science, 2009b.

HAYES, Andrew. M. *Regionalism, urbanism and regeneration: creating vitality for American cities in the third millenium*. Washington: Washington Alexandria Architecture Center; Virginia Tech University, 2015.

IBÁÑEZ, Cristian Suau. Circular design in everyday urbanism: Towards regenerative and restorative dynamic spaces in cities. *Visions of Sustainability*, v. 11, n. 1, p. 9-16, 2019.

LYNCH, Kevin. *A imagem da cidade*. São Paulo: Martins Fontes, 1997. (Trabalho originalmente publicado em 1960)

MONTANER, Josep Maria; MUXÍ, Zaida. *Arquitetura e política*: ensaios para mundos alternativos. São Paulo: Gustavo Gili, 2017.

NEWMAN, Peter. Perth as a "big" city: reflections on urban growth. *Thesis Eleven*, v. 135, n. 1, 2016.

NEWMAN Peter *et al. Resilient cities*: overcoming fossil fuel dependence. Washington: Island Press, 2017.

SANTOS, Milton. *Metamorfoses do espaço habitado*: fundamentos teóricos e metodológicos da geografia. 6. ed. São Paulo: Edusp, 2014. 136 p.

PACHECO, Clecia Simone Gonçalves Rosa. O Sertão Semiárido como possibilidade de pesquisa: a dialética territorial e a sustentabilidade socioambiental local. *Opará: Etnicidades, Movimentos Sociais e Educação*, Paulo Afonso, v. 3, n. 4, p. 7-22, 2015.

SOLDER Anna G. *et al.* Designing productive landscapes in an emerging desert metropolis: food systems and urban interfaces in Doha. *In*: KATODRYTIS, George; SYED, Sharmeen (orgs.). *Gulf cities as interfaces*. Cambridge: Gulf Research Centre Cambridge, 2016. p. 107-130.

THOMSON, Giles. *Transitioning to regenerative urbanism*. 2016. Tese (Doutorado) – Curtin University Sustainability Policy Institute, Curtin, 2016.

THOMSON, Giles; NEWMAN, Peter. Geoengineering in the Anthropocene through regenerative urbanism. *Geosciences*, Basel, v. 6, n. 46, p. 1-16, 2016.

VALLEJO, José Luis. A cidade não é seus edifícios: complexidade urbana e revitalização sustentável de centros históricos da América Latina. *In*: MOSTAFAVI, Mohsen *et al.* (orgs). *Urbanismo ecológico na América Latina*. São Paulo: Editora GG, 2019.

VERGARA, Paola Avendaño. *Urbanismo regenerativo como memória de la identidade: reactivación del centro histórico de Veracruz*. 2019. Trabalho Final (Graduação) – Universidad de las Américas Puebla, San Andrés Cholula, Puebla, 2019.

VIANA, David Leite. Cidade africana – Urbanismo [in]formal: uma abordagem integrada e sistémica. *In*: CONGRESSO IBÉRICO DE ESTUDOS AFRICANOS, 7., 2010. Lisboa. *Anais* [...]. Lisboa: Centro de Estudos Africanos (CEA) do ISCTE/Centro de Estudos Africanos da Universidade do Porto, 2010. p. 1-17.

WEISSHEIMER, Maria Regina. Paisagem cultural brasileira: do conceito à prática. *Fórum Patrimônio*, Belo Horizonte, v. 5, n. 2, 2012.

CAPÍTULO 4

Patrimônio e a eficiência energética

Pedro Henrique Gonçalves

Gabrielle Foletto do Carmo

Lucas Miolla

O presente capítulo busca uma abordagem que irá tratar da proteção e da importância dos edifícios considerados como patrimônio brasileiro e da necessidade da sua conservação dialogando com a necessidade à eficiência energética. Embora os estudos que discorrem sobre essas duas temáticas articuladas – proteção de edifícios históricos e eficiência energética – estejam em ascensão, ainda é notável a dificuldade de encontrar estudos que retratem a situação do Brasil perante esse conteúdo. Isso posto, enfatiza-se a necessidade de pesquisas sobre o tema, visto que a eficiência energética se relaciona diretamente com a preservação do meio ambiente, uma demanda cada vez mais urgente, ao mesmo tempo que é necessário um cuidado especial quando se trata de promover eficiência em prédios patrimoniais.

Assim, para uma compreensão mais clara acerca desse tema, o primeiro momento do texto irá tratar da legislação que permeia o patrimônio brasileiro e as barreiras legais para a modificação dos patrimônios. Depois, serão debatidos dados acerca das mudanças climáticas que o Brasil e o mundo vêm enfrentando e como a construção civil se encaixa nesse espectro. Considerando os dois primeiros tópicos, faz-se uma discussão acerca da eficiência energética e o patrimônio, buscando elucidar de forma clara diversas contradições e barreiras que se encontram ao tratar do tema.

4.1 LEGISLAÇÃO DO PATRIMÔNIO BRASILEIRO

Na história da arquitetura, muitas são as obras que possuem grande relevância cultural, sendo importantes para a memória de um determinado local e período temporal. A legislação brasileira, em seu Decreto-lei n. 25, de 1937, cita que um item é considerado patrimônio quando vinculado a fatos históricos memoráveis do país, bem como por seu valor etnográfico, arqueológico, bibliográfico ou artístico.

Esses bens têm a necessidade e a obrigatoriedade de serem perfeitamente conservados, para a manutenção da memória do local em que se encontram, de sua região e, em alguns casos, do mundo. Para isso, o decreto proíbe qualquer tipo de modificação em casas, edifícios e conjuntos habitacionais tombados, como consta em seu artigo 18: "As coisas tombadas não poderão, em caso nenhum, ser destruídas, demolidas ou mutiladas, nem, sem prévia autorização especial do Serviço do Patrimônio Histórico e Artístico Nacional, ser reparadas, pintadas ou restauradas". Assim, o marco normativo postula a possibilidade de realização de reformas que repliquem a forma original arquitetônica, e apenas mediante autorização prévia.

A preservação da memória local por meio de artefatos, paisagens naturais e obras arquitetônicas teve seu valor reafirmado com a realização, em 1972, da Convenção para a Proteção do Patrimônio Mundial, Cultural e Natural, realizada pela Unesco. A convenção foi realizada com o intuito de promover um acordo entre os Estados participantes que previsse a conservação dos patrimônios mundiais, tendo em vista que estes se encontravam sob forte ameaça de destruição, tanto por meios naturais quanto pela evolução da vida social e econômica.

O Brasil foi um dos países presentes na Convenção e se comprometeu tanto a desenvolver um aparato legal e normativo condizente com os termos da conferência como também a mobilizar recursos disponíveis para proteger, valorizar e conservar seu patrimônio. Conforme o artigo 5º acordado na Convenção de 1972, os países participantes devem promover políticas que determinem uma função ao patrimônio na vida social coletiva; instituir serviços de proteção e valorização; desenvolver estudos e pesquisas científicas para conhecer e aperfeiçoar métodos de intervenção no patrimônio, permitindo ao país enfrentar os perigos que o ameaçam como a degradação por intempéries; tomar as medidas adequadas nos campos jurídico, técnico, científico, administrativo e financeiro para garantir a identificação, proteção, conservação, valorização e restauro; além de criar e desenvolver centros de formação e incentivo da pesquisa científica no campo da preservação do patrimônio cultural.

A Convenção para a Proteção do Patrimônio Mundial, Cultural e Natural teve grande importância, visto que até os dias atuais é o único regulamento que rege princípios relacionados ao patrimônio arquitetônico em nível mundial, contando com a ratificação de 190 Estados em setembro de 2012 (MAZZARELLA, 2015). Dessa forma, as legislações antes implementadas nacionalmente no território brasileiro receberam respaldo mundial, indo ao encontro das medidas adotadas pela Unesco.

Apesar dos esforços constantes para a preservação da memória cultural, as impossibilidades de pequenas modificações acabam tornando muitas dessas obras arquitetônicas espaços não funcionais, que deixam de ser utilizados, apesar de geralmente se localizarem em áreas nobres. Esses edifícios desocupados poderiam ser utilizados para suprir a demanda por habitação para todos caso recebessem tratamento adequado, como ocorreu na Inglaterra, país que, a partir da reabilitação de edifícios antigos desocupados, criou cerca de 688 mil novas residências (MUNARIM; GHISI, 2016). Como afirmam em seu estudo Munarim e Ghisi (2016), é fato que a preservação dos edifícios provê um enorme ganho social, visto que o local onde é adotada adquire valores simbólicos e preserva práticas sociais e culturais históricas, sendo essas qualidades fundamentais para definir a consciência de pertencimento e identidade dos cidadãos.

Ademais, essas edificações podem se tornar prejudiciais ao meio ambiente caso apresentem baixas capacidades de conforto térmico e lumínico, como será abordado a seguir, visto que as legislações que regulam a eficiência energética e medidas para reduzir o uso de energia nas edificações não contemplam o patrimônio histórico arquitetônico, ficando este excluído das legislações por apresentar qualidades excepcionais (MAZZARELLA, 2015).

A importância da legislação de proteção do patrimônio histórico e a valorização desse patrimônio é inquestionável, todavia a inutilização de sua estrutura pode acabar desvalorizando os bens de interesse de preservação, ou seja, o edifício acaba não exercendo papel social, nem contribuindo para usos da sociedade. Essa desocupação, por fim, vai pelo caminho contrário das medidas propostas pela Unesco em 1972, pois, conforme suas diretrizes, os edifícios históricos devem ter função na vida social coletiva, como citado anteriormente, além de terem garantido o pleno direito de serem tomadas medidas para sua proteção e restauro, caso necessário.

Para que haja garantias e proteção da qualidade dos edifícios históricos, cabe a criação de medidas legais que não apenas incentivem como também resguardem a qualidade energética desses edifícios. Portugal, por exemplo, apresenta em seu território uma ampla gama de edificações históricas, cuja preservação é respaldada por um conjunto de leis e decretos que asseguram o uso e a aplicação de métodos para a melhoria energética das edificações. O Decreto-lei n. 40, de 6 de fevereiro de 1990, para exemplificar um caso, concebe uma primeira base regulamentar que visa à melhoria da qualidade térmica da envoltória dos edifícios, tendo como fundamento o melhor desempenho das condições de conforto sem aumentar o uso da energia elétrica. Além disso, Portugal conta ainda com o Decreto-lei n. 118, de 7 de maio de 1998, o qual trata sobretudo dos edifícios que já possuem sistemas que melhorem a eficiência energética. Consta desse regulamento um conjunto de regras para que a qualidade do ambiente interno do edifício seja garantida, entretanto, diante de um bom desempenho em eficiência energética.

4.2 MUDANÇAS CLIMÁTICAS E O PATRIMÔNIO

A apreensão com a pauta das mudanças climáticas tem aumentado progressivamente com o passar dos anos, seja em relação à indústria da construção civil, seja no debate público em geral. Foi a partir da década de 1970, após a crise do petróleo, que as discussões acerca do aquecimento global se intensificaram e ganharam ampla visibilidade, inclusive no meio acadêmico e político (OLIVEIRA, 2019). Com o aumento da visibilidade acerca dessa temática, vários estudos foram realizados com o intuito de conhecer e mitigar mudanças drásticas no que tange ao meio ambiente. Entretanto, houve pouca efetividade em fiscalizações e no enfrentamento de tais mudanças.

Ao passo que a sociedade humana expande seu domínio sobre a natureza, esta, por sua vez, fica gradativamente enfraquecida, provocando alterações climáticas e deixando as cidades mais quentes durante o dia e a noite (RIBEIRO, 2008). Tal fenômeno influencia diretamente a qualidade de vida das pessoas, principalmente no que se refere às condições térmicas das edificações, sendo necessários novos estudos e novas soluções para a readequação desses usos.

Com o intuito de amenizar as fortes mudanças climáticas que estão acontecendo, ocorreu, no ano de 2015, a Convenção das Nações Unidas sobre a mudança do clima, que resultou no Acordo de Paris, o qual objetiva uma série de medidas a serem adotadas para a estagnação do aquecimento global. A proposta é comedir o aquecimento proveniente da emissão de gases do efeito estufa (GEE), bem como o dióxido de carbono, o qual é oriundo da queima de combustíveis fósseis e do desmatamento e perda florestal ocasionados pelas atividades agropecuárias e urbanas (GONÇALVES; REI; SOUZA, 2017). A comunidade internacional, portanto, tem como foco manter o aquecimento global abaixo dos 2 °C (GONÇALVES; REI; SOUZA, 2017).

"Dentro do contexto nacional, o Brasil é responsável atualmente por 3% a 4% das emissões globais" (NOBRE, 2008, p. 15). O país assumiu, em 2015, o compromisso de reduzir em 43% as emissões de GEE, tendo como base o ano de 2005. Uma das medidas adotadas pela então presidente Dilma Rousseff previa acabar com o desmatamento ilegal até o ano de 2030, além de restaurar 12 milhões de hectares, recuperar 15 milhões de hectares de pastagens degradadas e integrar 5 milhões de hectares de lavoura, pecuária e florestas.

Entretanto, em conformidade com o Sistema de Estimativas de Emissões e Remoções de Gases de Efeito Estufa (SEEG) do Instituto de Energia e Meio Ambiente, o principal fator determinante das emissões de CO_2 na atmosfera são as mudanças de uso da terra e florestas. Em outras palavras, a maior parte das emissões é proveniente do desmatamento e da queima de florestas, as quais perdem espaço para a expansão desenfreada da agricultura e da pecuária (NOBRE, 2008).

Não apenas o desmatamento e a destruição da flora e da fauna brasileira são responsáveis pelo aquecimento global: a produção do espaço urbano (RIBEIRO, 2008) movimenta toda uma cadeia produtiva em torno da construção civil, que retira, a passos acelerados, matéria-prima do meio natural. A partir da década de 1970, com o aumento da visibilidade da problemática do aquecimento global, diversos países passaram a adotar normas e regulamentos para a melhoria térmica dos edifícios, na tentativa de reduzir a dependência de combustíveis fósseis para a geração de eletricidade (MUNARIM; GHISI, 2016). Apesar dos esforços envidados para reduzir o consumo de energia no setor imobiliário, o Painel Intergovernamental sobre Mudanças Climáticas (IPCC) prevê que até o ano de 2030 as emissões de CO_2 deverão sofrer significativos aumentos, principalmente na Ásia, América do Norte e América Latina (MUNARIM; GHISI, 2016). Uma das barreiras para reduzir as emissões, conforme Munarim e Ghisi (2016), é o fato de que a maior parte das emissões já está comprometida com infraestrutura já instalada ou em construção.

Além disso, as edificações mais antigas, bem como aquelas que não estão adequadas para os climas nos quais estão inseridas, tendem a fazer uso de climatizadores para garantir conforto térmico no seu interior. Isso posto, o consumo energético para a readequação térmica é intensificado (RIBEIRO, 2008). Todavia, é inviável e ineficiente a redução da temperatura interna de cada cômodo apenas com o uso de climatizadores de ar (RIBEIRO, 2008). É necessário readequar as edificações de tal modo a criar rotas de circulação do ar, bem como fornecer respaldo legal para tais ações, orientando e incentivando profissionais da área a criarem espaços condizentes com o clima local (RIBEIRO, 2008).

A partir do crescimento da produção do espaço urbano e, consequentemente, das demandas energéticas, são intensificadas as emissões de gases poluentes, assim como as mudanças de sensação térmica. Geram-se, dessa maneira, ilhas de calor, ocasionadas, entre outros motivos, pela barragem da circulação dos ventos no meio urbano. Tal fenômeno ocorre devido aos grandes edifícios em altura, os quais afetam o fluxo natural e desviam as correntes de ar, alterando a ocorrência e a intensidade das chuvas (LOMBARDO, 1985 *apud* RIBEIRO, 2008). Outro fator que contribui para a formação das ilhas de calor são os edifícios envidraçados, visto que utilizam energia elétrica de forma demasiada para manter os sistemas de refrigeração, além de liberar no entorno o ar quente retirado do interior e o calor gerado pelo funcionamento das máquinas (RIBEIRO, 2008).

Apesar de a quantidade de emissões de gases do efeito estufa no setor imobiliário já se encontrar comprometida perante a demanda energética das infraestruturas existentes, uma forma de intervir nesse cenário é o processo de reabilitação arquitetônica. Todavia, conforme Munarim e Ghisi (2016), até mesmo essa reabilitação deve ser analisada, pois ela em si já representa uma carga ambiental em seu processo, ou seja, mesmo as reabilitações que visem melhorar o desempenho ambiental dos edifícios podem ter um efeito negativo sobre o meio ambiente. Os autores ainda citam que, para o processo ser sustentavelmente eficiente, é necessário um estudo para prever se o impacto da restauração é menor do que os impactos combinados de demolição e construção de um edifício novo, apresentando uma vida útil alargada do edifício restaurado equivalente à vida útil do edifício novo.

A partir da análise da energia incorporada nos edifícios, sendo ela a totalidade de entrada de energia para a produção do edifício, desde a extração de materiais até o final da vida útil da edificação, conclui-se que a demolição de um prédio acarreta o desperdício de toda essa energia, pois não haveria uma conversão de tal energia para outras aplicações (MUNARIM; GHISI, 2016). Com base nisso, Itard e Klunder (2007) desenvolveram um estudo em que demonstraram, por meio da avaliação do ciclo de vida, que a construção de novos edifícios causa mais impactos e perturbação ao meio ambiente do que a reabilitação de edifícios antigos.

4.3 EFICIÊNCIA ENERGÉTICA E O PATRIMÔNIO

Nos últimos dez anos, a questão da eficiência energética em edifícios históricos tornou-se uma questão cada vez mais presente, frente ao considerável investimento necessário para alcançar as metas da Agenda de 2030 (ANNIBALDI *et al.*, 2020), especialmente em países com um extenso conjunto de bens tombados, como é o caso dos países da União Europeia. Esta decidiu desenvolver um quadro legislativo específico para reduzir as emissões de CO_2 até 2020, fomentando a promoção de políticas eficazes para a renovação dos edifícios existentes, e não apenas legislando sobre exigências energéticas para novas construções (SERRAINO; LUCCHI, 2017).

De acordo com Lucchi (2011), os edifícios patrimoniais devem se adaptar a essas mudanças físicas, sociais e antropológicas dentro de seu ambiente, pois a proteção de um monumento pode ir além das características originais históricas. No uso sustentável integrado, a inclusão de novas atividades compatíveis deve produzir um benefício econômico ao longo do tempo. Esse desafio é particularmente importante para edifícios privados, que só podem ser revividos se houver uma gestão sustentável do ponto de vista econômico. A inserção de novas funções e atividades deve ser compatível com o interesse histórico da edificação e da paisagem natural, sem comprometer seus valores estéticos, históricos, arquitetônicos e materiais especiais.

De acordo com Lidelöw *et al.* (2019) a compreensão dos edifícios históricos deriva principalmente da análise qualitativa. Entretanto, as avaliações quantitativas complementares dos valores do patrimônio cultural, que não se baseiam apenas em tipologias como o período de idade da construção, podem facilitar o desenvolvimento de estratégias de eficiência energética para distritos, cidades e regiões históricas.

Diante do exposto, faz-se necessária a construção ou adequação de metodologias e estratégias compatíveis com o foco na efetivação da eficiência energética em edifícios históricos, usando abordagens com múltiplos critérios e respeitando o valor do bem cultural. Os estudos de Sahin *et al.* (2015), Mazzarella (2015) e Cabeza, Gracia e Pisello (2018) demonstraram as possibilidades de estabelecer processos de reformas em edifícios históricos com foco em eficiência energética a partir de um modelo de gestão, utilizando uma abordagem transdisciplinar.

Essa abordagem se faz necessária devido à complexidade que as edificações históricas apresentam, pois são necessários estudos detalhados em diversas áreas para garantir que as intervenções sejam sensíveis em seus impactos, respeitando a caracterização, o material histórico e o contexto ao qual a edificação pertence. É importante, também, um conhecimento aprofundado do edifício e do contexto em que está inserido, com o objetivo de identificar as soluções mais adequadas para melhorar a eficiência energética, com foco na redução do consumo e respeitando padrões de conforto.

É nítido que os estudos sobre a gestão do patrimônio cultural têm se concentrado principalmente na importância da manutenção dos valores de tal patrimônio no desenvolvimento sustentável holístico. Em contrapartida, os estudos sobre sustentabilidade ambiental acabam se concentrando na busca de eficiência energética.

Para Lidelöw *et al.* (2019), esses dois campos não costumam se misturar, havendo também indicativos de diversos riscos de destruição ou diminuição significativa dos valores de patrimônio inerentes a alguns edifícios quando medidas de eficiência energética são implementadas. Assim, antes de iniciar qualquer intervenção de eficiência energética em edifícios históricos, é essencial desenvolver noções claramente articuladas de seus valores arquitetônicos e culturais.

Ademais, ainda não há consenso a respeito dos princípios ou métodos a serem usados para avaliar e valorar as características do patrimônio cultural e, ao mesmo tempo, viabilizar alterações que visem à eficiência energética das edificações históricas.

De acordo com os resultados encontrados por Annibaldi *et al.* (2020) em uma revisão da literatura a respeito da eficiência energética aplicada às edificações históricas, são três os campos de pesquisa com maior quantidade de trabalhos publicados. O primeiro tem seu enfoque na fase operacional: os autores relatam que os estudos abordam amplamente o desempenho energético e térmico do envelope do edifício, sistema de aquecimento, ventilação e ar-condicionado (HVAC) e/ou comportamento do ocupante, na busca de identificar as possibilidades de melhorias na edificação. O segundo campo tem foco nas características de construção e seus efeitos no uso da energia operacional, antes ou depois de qualquer trabalho de reforma. Por último, o terceiro campo engloba estudos que consideram a energia usada durante todo o ciclo de vida de um edifício histórico ou estoque de construção.

No caso de edifícios históricos, será necessário interpretar de forma mais incisiva a possibilidade de unificar e simplificar todas as atuais leis e decretos relativos ao desempenho energético dos edifícios (SANTOLI, 2015). A temática da eficiência energética no âmbito patrimonial deve ser debatida entre todos os agentes, uma vez que esse assunto não é meramente técnico e, dessa maneira, não é responsabilidade apenas dos projetistas, ou responsáveis pelo bem tombado, mas envolve escolhas políticas e econômicas sobre o assunto, como aponta União Europeia, que criou normas específicas sobre a temática por ser a detentora do maior patrimônio construído do mundo.

4.4 O CONFLITO ENTRE EFICIÊNCIA ENERGÉTICA E PATRIMÔNIO

Após analisar os tópicos relativos à legislação do patrimônio cultural, observou-se que há uma dicotomia entre o patrimônio cultural, de um lado, e a eficiência energética e as questões relacionadas às mudanças climáticas enfrentadas na contemporaneidade, de outro. Logo, fica explícito que há um conflito entre eficiência energética e os edifícios considerados patrimônio.

Conforme estudo de Berg *et al.* (2017), os ambientes construídos são responsáveis por cerca de 40% das emissões de CO_2, sendo os edifícios históricos responsáveis por uma grande parcela desse percentual, uma vez que políticas e legislações permitem que esses edifícios deixem de atender a requisitos de eficiência que alterem seu caráter e sua aparência. Além disso, edifícios residenciais, comerciais e institucionais são responsáveis por 44% do total de energia consumido no Brasil, a maior parte da qual provém de fontes não renováveis e poluentes (MUNARIM; GHISI, 2016). Segundo Munarim e Ghisi (2016), sem a adoção de medidas rígidas de redução de energia nos edifícios, esse é um problema que irá se agravar, visto que o crescimento estimado da emissão de CO_2 na indústria imobiliária e o uso total de energia pode dobrar ou triplicar até 2050.

Apesar de terem grande importância histórica e social, segundo López e Frontini (2014), muitos dos edifícios históricos acabam não atendendo aos coeficientes desejáveis de energia e conforto, visto que foram concebidos segundo padrões de construção diferentes daqueles atualmente em vigor. Assim, para apresentarem melhores condições, os edifícios reconhecidos como patrimônio devem passar por um processo de adaptação às mudanças do ambiente, a fim de possibilitar seu uso sustentável e a geração de benefícios socioeconômicos (LUCCHI, 2011).

Em conformidade com o conceito de reabilitar edifícios para promover maior conforto e eficiência térmica, destaca-se que, conforme Munarin e Ghisi (2016), ao contrário de atividades de demolição e construção de novos edifícios, uma reabilitação traz vantagens econômicas e ambientais, reduzindo o consumo de energia e de CO_2, além de possibilitar que a cultura e a sociedade sejam impactadas por meio da reutilização de bens reconhecidos como patrimônio histórico, trazendo novos valores para os edifícios.

Estima-se que, dentro do território brasileiro, exista um potencial de 30% de economia de energia com a melhoria do envelope, sistema de iluminação e HVAC (no original em inglês, *heating, ventilation and air conditioning*, isto é, aquecimento, ventilação e ar-condicionado) nos edifícios existentes. Essa vantagem da reabilitação se dá também pela redução no consumo de materiais naturais, visto que, no Brasil, o consumo de agregados naturais chega anualmente a 210 milhões de toneladas, considerando apenas a produção de concreto e argamassa. Além disso, a reabilitação reduz de forma significativa a geração de resíduos de demolição (MUNARIM; GHISI, 2016)

Na busca por um ponto de partida para a restauração e a reabilitação de edifícios históricos, é importante analisar profundamente as qualidades ambientais já existentes na arquitetura em questão, assim como as características bioclimáticas do local em que ela se encontra. Para melhorar o bem-estar dos usuários, uma análise crítica da capacidade térmica do edifício é importante para a resolução de seus possíveis problemas climáticos, como pontuam López e Frontini (2014), que defendem a utilização de energia solar nesses edifícios. A utilização de energia solar mediante placas fotovoltaicas, a exemplo de outras soluções, é uma proposta nobre, mas necessita ser analisada segundo o estatuto de proteção do bem. A análise da proposta deve ser ainda mais cuidadosa caso haja um nível de proteção de um conjunto urbano, pois o uso de placas solares pode interferir visualmente e degenerar a paisagem, sendo necessários estudos e propostas arquitetônicas que considerem o nível do conjunto edificado e a necessidade de manter sua coesão.

É importante ressaltar que cada edifício histórico tem suas características próprias e cada local deve ser tratado individualmente e criteriosamente. Antes de dar início a qualquer processo, deve-se, antes de mais nada, evitar maiores danos e deterioração com medidas para alcançar um estado técnico satisfatório (BERG *et al.*, 2017).

Ainda para melhorar a condição das edificações, Berg *et al.* (2017) identificam como um ponto de importância o padrão de comportamento do usuário, ou seja, sua consciência e atividades como escolha de temperatura, aquecimento e ventilação controlada. Esses fatores podem acarretar um impacto significativo na economia de energia, sem promover grande alterações físicas no edifício. Apesar de as edificações históricas nem sempre apresentarem os melhores níveis de conforto, também seria importante que a conscientização a respeito da economia de energia abrangesse os usuários de edifícios históricos. Os autores ainda pontuam que a influência no comportamento tem a tendência de ser mais aparente para usuários de edifícios históricos. Evidencia-se, ainda, que, junto com o comportamento do usuário, pequenos ajustes podem levar a grandes impactos positivos para a economia de energia e uma maior sustentabilidade, sendo necessária uma adequação técnica, ao mesmo tempo que se consideram as características individuais do edifício (BERG *et al.*, 2017).

Um dos desafios encontrados na restauração e adaptação das edificações históricas é a falta de legislação e políticas públicas que englobem essas modificações, o que acaba, como já citado anteriormente, impedindo obras nesses locais que teriam a possibilidade de melhorar sua eficiência energética e desempenho ambiental. A construção civil, mais especificamente os setores responsáveis pela restauração de edifícios tombados, tem como respaldo legal o Decreto-lei n. 25, de 1937, citado anteriormente, o qual inviabiliza muitas das tentativas de readequar a eficiência energética em bens reconhecidos como patrimônio histórico. Cabe ressaltar o caráter anacrônico dessa normativa criada em 1937, uma vez que, além de as condições climáticas da década de 1930 não condizerem com as atuais, Oliveira (2019) nos lembra que foi só a partir da crise do petróleo, na década de 1970, que a sociedade começou a olhar com mais atenção para as questões ambientais.

De acordo com Mazzarela (2015), em 2009 as residências europeias consumiram 68% do gasto total de energia dos edifícios. Em sua maior parte, esse uso está ligado ao controle térmico dos espaços internos, além do aquecimento da água e da utilização de eletrodomésticos. Nos dias corridos fica cada vez mais notório que as características energéticas das edificações são responsáveis pelo o aumento da demanda da produção elétrica, logo, fazem-se necessárias estratégias para a redução desta e, consequentemente, frear o consumo de combustíveis fósseis, assim como a emissão de CO_2 (MAZZARELA, 2015).

Tendo em vista a pauta estabelecida anteriormente, os profissionais enfrentam dificuldades em propor estratégias para mitigar o consumo energético, posto que os edifícios históricos não permitem uma única abordagem, exigindo cuidados específicos (MAZZARELA, 2015). Ainda de acordo com Mazzarela (2015), as intervenções, muitas vezes, não podem ser aplicadas em edifícios tombados, mesmo que estejam em concordância com as estratégias de economia de energia. Isso ocorre devido à divergência entre os regulamentos e legislações acerca da preservação do patrimônio arquitetônico e aqueles que regem o uso consciente de energia, visto que esses dois arcabouços legais não estão interligados.

Para esses edifícios com aspectos históricos, é necessário um equilíbrio entre a manutenção da autenticidade do edifício e o cumprimento dos requisitos necessários para a capacidade de eficiência térmica nesses ambientes. Tal equilíbrio possibilitaria, então, que a sociedade se apropriasse do edifício e o utilizasse em perfeitas condições, conservando sua importância cultural (MUNARIM; GHISI, 2016). Esse balanço entre a importância patrimonial desses edifícios, seu desempenho, estado técnico e uso pretendido requer, segundo Berg *et al.* (2017), um processo de reabilitação que conte com conhecimentos interdisciplinares e leve em consideração aspectos ambientais, culturais e econômicos.

REFERÊNCIAS

ANNIBALDI, V.; CUCHIELLA, F.; BERADINIS, P.; GASTALDI, M.; ROLTILIO, M. An integrated sustainable and profitable approach of energy efficiency in heritage buildings. *Journal of Cleaner Production*, v. 251, abr. 2020.

BERG, F.; FLYEN, A.; GODBOLT, A. L.; BROSTÖMC, T. User-driven energy efficiency in historic buildings: A review. *Journal of Cultural Heritage*, n. 28, p. 188-195, 2017.

CABEZA, L. F.; DE GRACIA, A.; PISELLO, A. L. Integration of renewable technologies in historical and heritage buildings: A review. *Energy Build*, v. 177, p. 96-111, 2018.

CONFERÊNCIA GERAL DA ORGANIZAÇÃO DAS NAÇÕES UNIDAS PARA A EDUCAÇÃO, CIÊNCIA E CULTURA. *Convenção para a protecção do patrimônio mundial, cultural e natural*. Paris: Secretariado das Nações Unidas, 1972.

GONÇALVES, Alcindo Fernandes; REI, Fernando Cardozo Fernandes; SOUZA, Luciano Pereira de. Acordo de Paris: reflexões e desafios para o regime internacional de mudanças climáticas. *Veredas do Direito*, Belo Horizonte, v. 14, n. 19, p. 81-99, maio/ago. 2017.

ITARD, L.; KLUNDER, G. Comparing environmental impacts of renovated housing stock with new construction. *Build Res Inf.*, v. 35, p. 252-267, 2007.

LIDELÖW, S.; ÖRN, T.; LUCIANI, A.; RIZZO, A. Energy-efficiency measures for heritage buildings: a literature review. *Sustainable Cities and Society*, v. 45, p. 231-242, 2019. Disponível em: https://doi.org/10.1016/j.scs.2018.09.029. ISSN 2210-6707.

LOPEZ, C.; FRONTINI, F. Energy efficiency and renewable solar energy integration in heritage historic buildings. *Energy Procedia*, n. 48. p. 1493-1502, 2014.

LUCCHI, E. Non-invasive method for investigating energy and environmental performances in existing buildings. *In*: INTERNATIONAL CONFERENCE ON PASSIVE AND LOW ENERGY ARCHITECTURE, 27., 13-15 jul 2011, Louvain-la-Neuve. *Proceedings*... p. 571-576.

MAZZARELLA, L. Energy retrofit of historic and existing buildings. The legislative and regulatory point of view. *Energy and Buildings*, Milano, v. 95, p. 23-31, nov. 2015.

MUNARIM, U.; GHISI, E. Environmental feasibility of heritage buildings rehabilitation. *Renewable and Sustainable Energy Reviews*, Florianópolis, v. 58, issue C, p. 235-231, 2016.

NOBRE, C. Mudanças climáticas e o Brasil – Contextualização. *Parcerias Estratégicas*, Brasília, DF, n. 27, dez. 2008.

OLIVEIRA, A. S. A Liderança dos países desenvolvidos no Acordo de Paris: reflexões sobre a estratégia do Naming and Shaming dentro do Balanço-Global. *Sequência*, Florianópolis, n. 81, p. 155-180, abr. 2019.

RIBEIRO, W. C. Impactos das mudanças climáticas em cidades no Brasil. *Parcerias Estratégicas*, Brasília, DF, n. 27, dez. 2008.

RIO DE JANEIRO (Estado). Casa Civil. Subchefia para Assuntos Jurídicos. Decreto-lei n. 23, de 30 de novembro de 1937.

SAHIN, C.; ARSAN, Z.; TUNÇOKU, S.; BROSTOM, T.; AKKURT, G. A transdisciplinary approach on the energy eficiente retrofitting of a historic building in the Aegean Region of Turkey. *Energy Build*, v. 96, p. 128-139, 2015.

SANTOLI, L. Reprint of "Guidelines on energy efficiency of cultural heritage". *Energy and Buildings*, v. 86, p. 2-8, 2015.

SERRAINO, M.; LUCCHI, E. Energy efficiency, heritage conservation, and landscape integration: The case study of the San Martino Castle in Parella (Turin, Italy). *Energy Procedia*, v. 133, p. 424-434, 2017.

CAPÍTULO 5

Clima urbano e mudanças climáticas no patrimônio

Clarissa Sartori Ziebell

Pâmela Pasini

Naahman Lima Pereira

Pedro Henrique Gonçalves

5.1 INTRODUÇÃO

Há tempos, o fenômeno climático tem sido foco de inquietações e questionamentos nos mais diversos setores da sociedade e momentos da humanidade. Sabemos que um dos principais atores dessas alterações sobre o clima são as cidades e suas interações, sendo esse o resultado das modificações que as superfícies, os materiais e as atividades desenvolvidas pelo homem nas áreas urbanas provocam nos balanços de energia.

Sabe-se que a paisagem urbana está intimamente relacionada com a produção de um microclima local que pode influir negativamente no conforto térmico das cidades e na qualidade do ar, além de produzir impactos posteriores, como o aumento do consumo de energia pelos edifícios (GONÇALVES; CARDOSO, 2017).

Devido às alterações da paisagem, principalmente em relação a cobertura do solo, o clima urbano é associado aos fenômenos de ilhas de calor, as quais contribuem de modo negativo para as interações urbanas. O que se identifica como uma ilha de calor urbana é a configuração de uma cúpula de ar quente que cobre a cidade, ou uma porção do tecido urbano, caracterizada pela manifestação do aumento das temperaturas ocasionado pelas especificidades do local em questão (GONÇALVES; CARDOSO, 2017). Tal fenômeno ocorre em áreas urbanas e suburbanas porque é onde há a presença de muitos materiais de construção que, além de serem na sua maior parte impermeáveis e estanques (ou seja, não haverá umidade para dissipar o calor solar), muitas vezes são escuros, absorvendo mais calor solar do que os materiais naturais presentes em áreas rurais (GARTLAND, 2010). A configuração dos edifícios na forma de cânions contribui para a manutenção do calor (GARTLAND, 2010).

Em relação às alterações das variáveis climáticas, mais recentemente, essa preocupação tem sido orientada principalmente pela ocorrência de eventos extremos e sua manifestação na forma de impactos nas áreas urbanas (NASCIMENTO JR., 2018). Nos últimos cinquenta anos, temos assistido a uma valorização do clima como parte integrante e ativa das questões ambientais e do ordenamento do território, bem como um recurso natural e energético.

Vários fenômenos climáticos extremos, como secas, chuvas intensas, ventos tempestuosos e fortes ondas de calor, com consequências catastróficas para as populações, contribuíram para uma valorização social e política do clima nas últimas décadas (GANHO, 2019), tornando-o mais presente em estudos de impacto ambiental e nos planos de ordenamento do território em diferentes escalas.

As cidades têm sido mencionadas, cada vez com maior frequência, como componentes do problema e também das soluções para os efeitos das mudanças climáticas. O principal painel intergovernamental para pesquisas em mudanças climáticas da Organização das Nações Unidas (ONU), o IPCC, atento à questão, realizou pela primeira vez, em março de 2018, a Cities & Climate Change Science Conference, endossando a importância da discussão das cidades como centro dos debates climáticos, já que estas representam mais de 70% das emissões globais de dióxido de carbono (CO_2), provenientes de combustíveis fósseis, e são espaços vulneráveis aos impactos advindos das mudanças climáticas (TORRES *et al.*, 2019; REVI *et al.*, 2014).

O Relatório do Painel Brasileiro de Mudanças Climáticas (PBMC) expressa uma preocupação com a previsão de aumento da população residente em cidades:

> Hoje, mais da metade da população mundial (3,6 bilhões) vive em cidades. Em 2050, é esperado que a população urbana cresça para 5,6-7,1 bilhão, ou 64-69% da população mundial. Em termos globais, só a produção dos materiais necessários para suportar esse crescimento urbano resultará, até meados do século, na metade das emissões permitidas de carbono, ou seja, cerca de 10 bilhões de toneladas, caso se pretenda atender a meta de limite máximo de aumento de temperatura média do planeta de 2 °C em 2100. (PBMC, 2016, p. 3)

As consequências de eventos climáticos extremos podem ser desastrosas nas cidades. Existe, portanto, a necessidade de mitigar os efeitos das mudanças climáticas para preservar não apenas os recursos naturais e a integridade física de seus habitantes, mas também o patrimônio histórico. Este capítulo busca fazer um panorama geral sobre o clima urbano e os efeitos das mudanças climáticas sobre esse clima. Por fim, são abordadas as possíveis consequências das mudanças climáticas para o patrimônio edificado.

5.2 O CLIMA URBANO

O clima de um determinado local é "definido pela média das condições do tempo ao longo de um período de algumas décadas" (DIAS; SILVA, 2009, p. 22) e varia conforme a latitude, a altitude, a influência oceânica, a topografia, a época do ano, a altura do sol e o regime de ventos (SERRA, 2004; JARDIM; SILVA, 2016). O clima urbano, por sua vez, é uma consequência da interação entre o clima regional, a morfologia urbana e as atividades urbanas (GOMES, 2008). As características de um determinado clima urbano são definidas, portanto, não somente pelos aspectos naturais do local, mas também pelas características dos assentamentos humanos (LAWRENCE, 2003). O clima é, portanto, um sistema complexo e em constante modificação (JARDIM; SILVA, 2016).

Entre as variáveis climáticas, Frota (2009) elenca as seguintes como as que mais interferem o desempenho térmico dos espaços construídos: oscilação diária e anual da temperatura e umidade relativa, quantidade de radiação solar incidente, grau de nebulosidade do céu, predominância de época e sentido dos ventos e índices pluviométricos. O grau de umidade relativa do ar afeta a amplitude da temperatura diária: quanto menor o grau de umidade relativa, mais acentuadas serão as temperaturas extremas (mínimas e máximas) (FROTA; SCHIFFER, 2009). A temperatura na superfície do planeta, por sua vez, é resultado dos fluxos das grandes massas de ar e da recepção da radiação solar, que varia em cada local (radiação que será diferente conforme o tipo de solo, de vegetação e de topografia) (LAMBERTS; DUTRA; PEREIRA, 2014). A taxa de radiação solar e de insolação que atinge a superfície da Terra, por sua vez, diminui conforme o aumento da nebulosidade (WOLLMANN; SARTORI, 2010). Por fim, o vento ocorre a partir do deslocamento das massas de ar da área de maior pressão (ar mais frio e pesado) para a área de menor pressão (ar mais quente e leve) (LAMBERTS; DUTRA; PEREIRA, 2014).

Conforme visto anteriormente, o clima urbano é influenciado também pelas transformações no ambiente geradas pelo ser humano. Entre as causas dessas transformações pode-se citar a retirada da vegetação original, a impermeabilização do solo, o aumento da circulação de veículos e de pessoas, a verticalização urbana, e o lançamento de partículas e gases poluentes na atmosfera (AMORIM, 2010).

Problemas decorrentes dessas transformações já ocorrem na maior parte das cidades brasileiras (PBMC, 2016). Segundo o PMBC (2016, p. 3), "mudanças intensificadas no ciclo hidrológico pelo aquecimento global tendem a acentuar os riscos existentes, tais como inundações, deslizamentos de terra, ondas de calor e limitações de fornecimento de água potável".

A presença da vegetação não somente beneficia o clima (melhorando o microclima entre as edificações e a qualidade do ar, proporcionando áreas de sombra e contribuindo para a proteção e controle dos ventos), como também contribui para o controle de enchentes, protege o solo contra erosões e proporciona áreas permeáveis à água da chuva (SHINZATO, 2009). Sua retirada geralmente ocorre para a inserção de equipamentos urbanos, acompanhada da impermeabilização do solo, e é uma das causas do aumento da temperatura do ar e da diminuição da qualidade de vida da população (ALBUQUERQUE; LOPES, 2016). Ao mesmo tempo, com o aumento da circulação de veículos e pessoas, ocorre uma ampliação da produção de calor antropogênico (SANTOS *et al.*, 2014). A verticalização, por sua vez, irá alterar a quantidade de sombreamento e a ventilação (GUSSON, 2020). Finalmente, a poluição do ar, a exemplo da emissão na atmosfera de dióxido de carbono, metano e óxido nitroso, colabora para o aumento do efeito estufa (RELATÓRIO..., 2007/2008)

Como consequência dessas transformações, o clima urbano apresenta uma qualidade inferior aos climas rurais, especialmente no que se refere à saúde humana e ao bem-estar (WORLD METEOROLOGICAL ORGANIZATION, 1996). Isso não significa que o campo não tenha sofrido transformações na paisagem no decorrer do tempo, mas efeitos do ar alterado geram mais impacto nos elementos climáticos nas cidades (AMORIM, 2010). Observa-se ainda que uma aglomeração urbana pode apresentar condições climáticas diferentes daquelas relativas ao macroclima regional em que ela se insere, como ocorre nas ilhas de calor (FROTA; SCHIFFER, 2009), mencionadas na introdução.

Segundo a World Meteorological Organization (1996), pode-se melhorar o clima urbano a partir da abertura de corredores urbanos (aproveitando os ventos noturnos descendentes), da variação das alturas das edificações (para aumentar a ventilação urbana) e da orientação e agrupamento das edificações. O uso de formas urbanas mais compactas (baixa densidade urbana e uso do solo misto), por exemplo, pode diminuir o consumo de energia quando comparado à urbanização dispersa (baixa densidade e uso do solo segregado), já que proporciona uma menor necessidade de deslocamento por veículos motorizados, diminuindo assim a emissão de gases de efeito estufa (BRAGA, 2012).

Contudo, ainda é baixa a conscientização sobre a necessidade de adaptação ao clima em países menos desenvolvidos, sendo necessário que cidadãos e políticos se familiarizem com as medidas de prevenção dos problemas climáticos urbanos. Mesmo nos países mais desenvolvidos, é preciso fortalecer a consciência entre cidadãos e políticos (LENZHOLZER *et al.*, 2020). Reforça-se assim a importância do estudo do clima urbano para embasar decisões relativas ao planejamento das cidades. Tal fato se torna ainda mais urgente diante das mudanças climáticas, assunto abordado a seguir.

5.3 MUDANÇAS CLIMÁTICAS

Na década de 1970, estudos apontaram a destruição da camada de ozônio, essencial para a manutenção da vida na Terra. Como consequência, iniciou-se uma campanha para sua proteção, que levou os principais países do mundo a assinarem, em 1988, o Protocolo de Montreal, cujo objetivo era eliminar o uso de clorofluorcarbonetos (CFC). Alguns anos depois, porém, ficou comprovado que o Protocolo de Montreal teria uma efetividade limitada, já que haveria gases produzidos por processos naturais que também afetam a camada de ozônio. O Protocolo de Quioto, assinado alguns anos mais tarde, em 1997 (entrando em vigor somente a partir de 2005), com o objetivo de diminuir a emissão de gases bloqueadores de onda longa, também apresentou limitações, já que os Estados Unidos se negaram a aderir ao protocolo (CONTI, 2005).

Em 2015, um novo acordo foi assinado por 195 países: o Acordo de Paris (COSTA; BATISTA, 2020). O objetivo desse acordo era "manter o aumento da temperatura média global bem abaixo de 2 °C acima dos níveis pré-industriais e prosseguir esforços para limitar o aumento da temperatura a 1,5 °C acima dos níveis pré-industriais, reconhecendo que isso reduziria significativamente os riscos e impactos das mudanças climáticas" (UNITED NATIONS, 2015, p. 3). Em 2017, entretanto, novas incertezas surgiram quando o então presidente dos Estados Unidos, Donald Trump, anunciou a retirada dos Estados Unidos do Acordo de Paris (COSTA; BATISTA, 2020).

Não há dúvida de que a temperatura global vem aumentando. Observa-se que, a partir da década de 1980, cada década seguinte apresentou temperaturas mais elevadas do que as anteriores desde 1850 (WORLD METEOROLOGICAL ORGANIZATION, 2020). Segundo o relatório do IPCC (2021), a temperatura média global da superfície apresentou um aumento de 0,85 °C entre os períodos de 1850-1900 a 1995-2014 e de 1,09 °C entre os anos de 2011 e 2020. Ainda, foi observado um aumento sucessivo da temperatura nas últimas quatro décadas (IPCC, 2021).

De modo mais detalhado, a temperatura média global em 2019 ficou em torno de 1,1 ± 0,1 °C acima da linha de base do período entre 1850-1900. Em 2018, as frações molares de gases de efeito estufa (como CO_2, CH_4 e N_2O) atingiram o pico. Nos últimos dois séculos, a emissão de CO_2 proveniente da queima de combustível fóssil aumentou de forma constante, com pequenas interrupções causadas por variações na economia. O oceano está aquecendo, causando impactos no sistema climático da Terra (WORLD METEOROLOGICAL ORGANIZATION, 2020).

Esse aumento da concentração de CO_2, bem como a alteração das propriedades de reflexão e absorção da superfície do solo, é resultado das ações antrópicas, conforme observa Artaxo (2014, p. 10-11):

> Através das atividades humanas, estamos injetando anualmente 9 milhões de toneladas adicionais de carbono fóssil na atmosfera. A concentração de CO_2 aumentou de 280 ppm para 400 ppm desde 1750. Desse total emitido para a atmosfera, 27% estão sendo absorvidos pelos oceanos, causando rápida acidificação. Cerca de 28% estão sendo absorvidos pelos ecossistemas terrestres. A diferença entre as emissões antropogênicas e a absorção de CO_2 pelos ecossistemas terrestres e aquáticos, que corresponde a 45%, está ficando na atmosfera, causando o aumento da concentração de CO_2 atmosférico. Entre outras mudanças que o homem está realizando na Terra estão as alterações do uso do solo, pelo desenvolvimento da agricultura e de atividades humanas, e a do albedo da superfície terrestre, que é a fração da radiação refletida de volta ao espaço. Isso também altera o balanço radiativo que controla a temperatura do planeta.

Como consequência dessas alterações (naturais e antrópicas), espera-se "um aumento da incidência de desastres naturais associados a eventos climáticos extremos, como inundações e deslizamento de terra", além de "um aumento da incidência de doenças infecciosas ligadas à água" e "impactos negativos das ondas de calor sobre a saúde dos mais debilitados" (BRAGA, 2012, p. 4). Esse impacto é ainda maior para pessoas vivendo em situação de vulnerabilidade, que habitam assentamentos informais localizados em áreas de risco (BRAGA, 2012).

No Brasil também se observam fenômenos decorrentes das mudanças climáticas, como o aumento da frequência de chuvas fortes no verão e no inverno no Sul e no Sudeste nos últimos trinta anos; períodos de secas (entre 2005 e 2010) e de enchentes (em 2009, 2012 e 2014) na Amazônia; secas no Nordeste ao longo dos anos 2010; e a grande seca no Sudeste entre os anos de 2014 e 2015, que afetou a segurança hídrica e energética de São Paulo e Rio de Janeiro (MARENGO, 2014).

Para equilibrar planejamento urbano e os impactos das mudanças climáticas, surge o conceito de *Green Urbanism* (Urbanismo Verde), que consiste em espaços urbanos que atendam às necessidades sociais e culturais com base em princípios sustentáveis (SANTOS; LANZINHA; FERREIRA, 2021). O Urbanismo Verde permite, por exemplo, a mitigação dos efeitos das mudanças climáticas a partir do "planejamento multifuncional de serviços ecossistêmicos integrados" e de "processos de planejamento que seguem ambas as estratégias de adaptação às mudanças climáticas e de Infraestrutura de Urbanismo Verde" (RAMYAR; ACKERMAN; JOHNSTON, 2021, p. 11, tradução nossa). Ramyar, Ackerman e Johnston (2021) sugerem que as novas decisões para a infraestrutura urbana sejam formuladas com base em dados coletados a partir de monitoramento, formando um ciclo que é sempre retroalimentado por esses dados.

5.4 RELAÇÃO DO CLIMA NO PATRIMÔNIO EDIFICADO

Fenômenos climáticos são registrados com frequência na Terra. Em toda parte do mundo as mudanças climáticas afetam a vida do homem: inundações e secas modelam o cotidiano das pessoas, impactam diretamente o setor econômico de um país, retardam o desenvolvimento e produzem danos irreversíveis à vida humana (DIAS, 2014).

Além de representarem uma ameaça para a população localizada em áreas de risco e para o futuro de diversas espécies da fauna e da flora, os eventos climáticos extremos, decorrentes das mudanças climáticas, também podem afetar o patrimônio histórico mundial. O Comitê do Patrimônio Mundial enfatiza que as mudanças climáticas podem prejudicar as estruturas dos edifícios do patrimônio histórico e afetar a estrutura social e hábitat, levando eventualmente à migração das sociedades que vivem em tais locais (ZANIRATO, 2009). Um terço das Cidades Patrimônio Histórico (CPH) estão localizadas em áreas costeiras, estando, portanto, expostas "a aumento do nível do mar, tempestades, inundações marinhas e erosão costeira" (SOUZA; SOUZA, 2013, p. 86). Há ainda as cidades expostas às perdas glaciares (SOUZA; SOUZA, 2013).

As mudanças climáticas podem exacerbar a exposição do patrimônio cultural aos impactos climáticos devido a mudanças graduais no clima. Em relatórios publicados há mais de uma década, a Unesco menciona a necessidade de mais pesquisas sobre esses impactos (UNESCO, 2007/2008). Já o relatório do Icomos de 2008 aponta que, em muitos sítios do Patrimônio Mundial, os impactos diretos e indiretos das mudanças climáticas podem representar uma ameaça ao valor universal, integridade e autenticidade do patrimônio, sendo um multiplicador de ameaças que aumentará a vulnerabilidade desses locais.

Um dos desafios globais mais significativos é a gestão das mudanças climáticas para conservação e salvaguarda do patrimônio. Para enfrentá-lo, o Comitê do Patrimônio Mundial (UNESCO, 2006) aponta três ações a serem tomadas: 1) ações preventivas de monitoramento, relatórios e mitigação dos efeitos da mudança climática por meio de decisões em uma variedade de níveis: individual, comunitário, institucional e corporativo; 2) ações corretivas: adaptação à realidade de mudanças climáticas por meio de estratégias globais e regionais e planos de manejo locais; 3) compartilhamento de conhecimentos: melhores práticas, pesquisas, comunicação, apoio público e político, educação e treinamento, capacitação, redes de trabalho etc.

As edificações patrimoniais sempre estiveram e continuarão a estar sujeitas a interações com seu ambiente, o que muitas vezes recebe o nome de processos de intemperismo. Portanto, estão sujeitas a mudanças. A mudança climática é uma ameaça potencial adicional, pois agrava as taxas esperadas de decadência e/ou contribui para o aparecimento de novos fenômenos de decadência (BERTOLIN, 2019). O progresso da degradação, que depende de agentes externos de decomposição, exposição, propriedades intrínsecas do material a ser estudado e vulnerabilidade da construção do objeto, é hoje exacerbado tanto por fatores antrópicos como pelo impacto das mudanças climáticas.

Os edifícios históricos têm uma maior intimidade com o chão do que os modernos. Eles são mais porosos, o que significa que tiram água do solo em sua estrutura e perdem-na para o meio ambiente por evaporação superficial. Paredes das superfícies e pisos são o ponto de troca para essas reações. Um aumento na umidade do solo pode resultar em maior mobilização de sal e, consequentemente, na cristalização prejudicial em superfícies decoradas por secagem (CASSAR *et al.*, 2006).

Um estudo recente realizado por Sesana *et al.* (2021) apontou diversos impactos que alterações graduais das variáveis climáticas, como temperatura, precipitação, umidade relativa e vento, podem provocar nos mecanismos de degradação em bens patrimoniais expostos ao ambiente externo. De forma sintética, os apontamentos de Sesana *et al.* seguem a mesma linha dos fatores apresentados no relatório da Unesco sobre a previsão e gestão dos impactos das mudanças climáticas (UNESCO, 2007) e estão detalhados nos parágrafos seguintes.

Temperaturas mais altas podem resultar no aumento da dilatação térmica dos diferentes materiais, intensificando o desgaste físico (estresse térmico) de materiais pela variação de volume ou por falta de espaço para se expandirem, ocasionando fissuração, danos por congelamento-descongelamento/geada, ou danos no interior dos tijolos, pedras ou cerâmicas que ficaram molhados e congelados dentro do material antes de secar.

Em relação à mudança da porcentagem de umidade atmosférica, vale lembrar que a água pode ser considerada o principal agente de degradação e erosão dos materiais. O aumento da precipitação e os ciclos de umidificação, quando combinados com temperaturas mais altas, podem causar ou aumentar diferentes mecanismos de decomposição, por exemplo, corrosão, degradação biológica, divisão de materiais higroscópicos e eflorescência e subfluorescência, devido à cristalização de sais, criação de ambiente propício a ataques biológicos de materiais orgânicos por insetos, bolores, fungos ou espécies invasoras, como cupins.

A intensificação na quantidade de tempestades e rajadas de vento pode aumentar a penetração de água em materiais porosos. Na presença de areia, sais e poluentes atmosféricos, isso afetará o patrimônio cultural, devido ao aumento da abrasão da superfície, aumento da penetração de água, possíveis danos estruturais e, potencialmente, colapso de estruturas.

A poluição do ar também pode afetar as edificações de diversas formas, por exemplo, degradando pedras por dissolução de carbonatos, enegrecendo materiais e gerando perda da qualidade estética e corrosão de metais.

Por fim, os impactos também poderão ser observados nos ambientes internos de edificações históricas não climatizadas. Isso porque diferentes temperaturas e ciclos de umidade podem influenciar a perda de propriedades mecânicas, químicas e biológicas de ativos patrimoniais interiores, criando ambientes favoráveis ao surgimento de mofo, ataque de insetos ou corrosão em metais.

De forma similar, Andrade (2016) enumera os riscos decorrentes das mudanças climáticas ao patrimônio histórico:

> [...] a erosão física e química associada com as precipitações e/ou aumento de poluentes químicos no ar, como SO_2; a eflorescência de sais solúveis em paredes de materiais porosos; os desgastes mecânicos a ciclos de umidificação/desumidificação ou aquecimento/congelamento – sem contar com os desastres de grandes proporções, como enchentes, deslizamentos, incêndios relacionados com incidências de raios, também decorrentes de alterações climáticas. (ANDRADE, 2016, p. 35)

Além dos riscos que acabamos de abordar, existem indícios de que a biodeterioração dos materiais pode ser intensificada com o aumento das temperaturas (ANDRADE, 2016).

Souza e Souza (2013) defendem que o turismo pode também representar um risco para as Cidades Patrimônio Histórico. Segundo os autores, quando bem planejado, o turismo pode valorizar e ajudar a financiar a conservação dos bens patrimoniais. Contudo, o fluxo de turistas, além de ser um risco a mais à conservação dos destinos, aumenta a emissão de gases de efeito estufa.

Apesar de no Brasil haver projetos para proteger o patrimônio histórico – como o Programa Monumenta, que por meio do Projeto Pousadas Históricas no Brasil promove o restauro, a recuperação e a refuncionalização como oferta turística de bens patrimoniais e edificações tombadas em diversas cidades brasileiras –, o estudo das previsões e medidas de mitigação para lidar com as mudanças climáticas está mais avançado em países europeus (SOUZA; SOUZA, 2013).

5.5 CONSIDERAÇÕES FINAIS

No decorrer deste capítulo, expôs-se a conexão entre as cidades e o clima e a consequente contribuição do fenômeno de urbanização às mudanças climáticas. Como resultado, são gerados inúmeros prejuízos às populações residentes em locais de risco, além de danos ao patrimônio edificado. A revisão bibliográfica demonstrou que os fenômenos climáticos extremos trouxeram visibilidade para o debate sobre a relação entre urbanização e mudanças climáticas. Como aborda Ganho (2019), essa valoração do tema é recente, mas muito significativa para nortear pesquisas e iniciativas a fim de minimizar esses impactos.

Entretanto, são imprescindíveis estudos sobre o clima, pois somente a partir do conhecimento pleno e da manipulação consciente das pesquisas será possível identificar futuras determinações para a melhora desses problemas. Muito se fala que os países desenvolvidos são os grandes geradores de poluição e que, assim, devem adotar ações que transformem esse cenário. Pouco se fala, entretanto, sobre adaptar também os países subdesenvolvidos como forma de prevenir e proteger suas cidades de possíveis problemas maiores.

As mudanças climáticas causadas pela alteração do clima das cidades resultaram em consequências seríssimas. Como explorado no presente capítulo, o clima urbano normalmente é gerado em cidades com grande aglomeração urbana, indústrias e superfícies revestidas de materiais com diferente absorção, mas sua repercussão pode ser sentida em qualquer lugar do planeta, e não somente no seu local de origem.

Esses fenômenos climáticos são sentidos por meio do impacto na economia dos países, secas, inundações, ventos fortes, entre outros, transformando o cotidiano das pessoas. Para além da vida humana, as mudanças climáticas também afetam o patrimônio histórico mundial. As edificações históricas foram construídas com materiais e técnicas que não previam alterações no clima e nem foram preparadas para receber tanta ação antrópica, sem contar a soma de tempo da sua existência. Tudo isso torna-as mais sensíveis a esses acontecimentos.

Outro fator determinante para que o patrimônio edificado sofra tanto essa influência é que está construído em locais que favorecem essas ações. Muitas das cidades históricas, por exemplo, encontram-se em áreas costeiras, podendo sofrer mais facilmente fenômenos climáticos como inundações. Além do mais, o fator adicional do turismo, que muitas vezes acontece de forma exacerbada, contribui para a degradação do patrimônio.

A grande questão, entretanto, gira em torno da falta de estudos a respeito da influência do clima sobre o patrimônio edificado. Os poucos estudos existentes que abordam o assunto se encontram desassistidos de leis ou iniciativas que coloquem em prática essas pesquisas. A única certeza que temos é que cada dia mais o patrimônio histórico edificado vem sofrendo as consequências da alteração do clima e das mudanças climáticas.

REFERÊNCIAS

ALBUQUERQUE, Marcos Machado de; LOPES, Wilza Gomes Reis. Influência da vegetação em variáveis climáticas: estudo em bairros da cidade de Teresina, Piauí. *Raega - O Espaço Geográfico em Análise*, n. 36, p. 36-38, 2016. DOI: http://dx.doi.org/10.5380/raega.v36i0. Disponível em: https://revistas.ufpr.br/raega/article/view/39719.

AMORIM, M. C. C. T. Climatologia e gestão do espaço urbano. *Mercator*, n. especial, p. 71-90, dez. 2010.

ANDRADE, Felipe Souza Neves. *Estudo do impacto potencial das mudanças climáticas na biodeterioração de estruturas de madeira no patrimônio cultural edificado do Vale Histórico Paulista*. 2016. Dissertação (Mestrado) – Programa de Pós-Graduação em Mudança Social e Participação Política da Universidade São Paulo, São Paulo, 2016.

ANDRADE, Henrique. O clima urbano: natureza, escalas de análise e aplicabilidade. *Finisterra*, v. 40, n. 80, p. 67-91, ago. 2005. Centro de Estudos Geograficos (IGOT) Universidade de Lisboa. http://dx.doi.org/10.18055/finis1479. Disponível em: https://doi.org/10.18055/Finis1479. Acesso em: 6 ago. 2021.

ARTAXO, Paulo. Mudanças climáticas e o Brasil. *Revista USP*, n. 103, p. 8, 22 nov. 2014. http://dx.doi.org/10.11606/issn.2316-9036.v0i103p8-12.

BERTOLIN, Chiara. Preservation of cultural heritage and resources threatened by climate change. *Geosciences*, v. 9, n. 6, p. 250, 3 jun. 2019. http://dx.doi.org/10.3390/geosciences9060250.

BRAGA, Roberto. Mudanças climáticas e planejamento urbano: uma análise do estatuto da cidade. *In*: ENCONTRO NACIONAL DA ANPPAS, 6., 2012, Belém. Disponível em: https://igce.rc.unesp.br/Home/Departamentos47/planejamentoterritorialegeoproces samento640/md_roberto_artigos_artig_anppas.pdf. Acesso em: 21 jul. 2021.

CASSAR, M.; YOUNG, C.; WEIGHELL, T.; SHEPPARD, D.; BOMHARD, B.; ROSABAL, P. *Predicting and managing the effects of climate change on world heritage: A joint report from the World Heritage Centre, its advisory bodies, and a broad group of experts to the 30th session of the World Heritage Committee*. Vilnius; London, UK: University College of London, 2006.

CONTI, José Bueno. Considerações sobre as mudanças climáticas globais. *Revista do Departamento de Geografia*, São Paulo, n. 16, p. 70-75, 2 out. 2005. Disponível em: https://www.revistas.usp.br/rdg/article/view/47286/51022. Acesso em: 6 ago. 2021.

COSTA, Pablo H. H. de L.; BATISTA, Maria Aparecida. Paris Agreement: an analysis from the perspective of the laws treaties. *Cadernos Eletrônicos – Direito Internacional Sem Fronteiras*, v. 2, n. 1, e:06, jan./jun. 2020.

DIAS, Maria Assunção F. da S. Eventos climáticos extremos. *Revista USP*, n. 103, p. 33-40, 2014. DOI: https://dx.doi.org/10.11606/issn.2316-9036.v0i103p33-40. Disponível em: https://repositorio.usp.br/item/002721284.

DIAS, Maria Assunção F. da S.; SILVA, Maria Gertrudes A. J. da. Para entender tempo e clima. *In*: CAVALCANTI, Iracema F. de A. *et al.* (orgs.). *Tempo e clima no Brasil*. São Paulo: Oficina de Texto, 2009. p. 22-32.

FROTA, Anésia B.; SCHIFFER, Sueli R. *Manual de conforto térmico*. 5. ed. São Paulo: Studio Nobel, 2009.

GANHO, Nuno. Mudanças climáticas e mudanças na valoração do clima, em Portugal, nos últimos 50 anos. *ACTA Geográfica*, Boa Vista, v. 13, n. 33, p. 196-208, set./dez. 2019.

GARTLAND, Lisa. *Ilhas de calor: como mitigar zonas de calor em áreas urbanas*. Trad. Silvia Helena Gonçalves. São Paulo: Oficina de Textos, 2010.

GOMES, Patrícia Silva. *Ocupação do solo e microclimas urbanos: o caso de Montes Claros – MG*. 2008. Dissertação (Mestrado) – Programa de Pós-Graduação em Arquitetura e Urbanismo da Universidade Federal de Santa Catarina, Santa Catarina, 2008.

GONÇALVES, Pedro Henrique; CARDOSO, Carina F. Avaliação da formação de ilhas de calor em Goiás/GO. *In*: SEMINARIO INTERNACIONAL DE INVESTIGACIÓN EN URBANISMO, 9., jun. 2017, Barcelona-Bogotá. Barcelona: DUOT, 2017.

GUSSON, Carolina dos Santos. *O impacto da verticalização no microclima urbano e no conforto térmico na escala do pedestre: o papel da geometria e da envoltória dos edifícios*. 2020. (Doutorado) – Faculdade de Arquitetura e Urbanismo da Universidade de São Paulo, São Paulo, 2020.

ICOMOS, 2008: *Recommendations from the Scientific Council Symposium Cultural Heritage and Global Climate Change (GCC) ICOMOS Scientific Council Pretoria*. South Africa, 7 out. 2007. Disponível em: https://www.icomos.org/en/what-we-do/image-what-we-do/156-heritage-and-climate-change.

IPCC, 2021: Climate Change 2021: The Physical Science Basis. *In*: Masson-Delmotte, V. *et al.* (eds.). *Contribution of Working Group I to the Sixth Assessment Report of the Intergovernmental Panel on Climate Change*. Cambridge, UK; New York, NY, USA: Cambridge University Press, 2021.

JARDIM, Carlos Henrique; SILVA, Marina Rozendo. Extremos de temperatura do ar em Belo Horizonte: variabilidade natural e influência do clima urbano. *Revista do Departamento de Geografia*, p. 83-97, 24 out. 2016. http://dx.doi.org/10.11606/rdg.v0ispe.118036. Disponível em: https://www.revistas.usp.br/rdg/article/view/118036. Acesso em: 8 ago. 2021.

LAMBERTS, Roberto; DUTRA, Luciano; PEREIRA, Fernando O. R. *Eficiência energética na arquitetura.* 3. ed. Rio de Janeiro: Eletrobrás; PROCEL, 2014.

LAWRENCE, Roderick J. Human ecology and its applications. *Landscape and Urban Planning*, v. 65, n. 1-2, p. 31-40, set. 2003. http://dx.doi.org/10.1016/s0169-2046(02)00235-9.

LENZHOLZER, Sanda; CARSJENS, Gerrit-Jan; BROWN, Robert D.; TAVARES, Silvia; VANOS, Jennifer; KIM, Youjoung; LEE, Kanghyun. Urban climate awareness and urgency to adapt: an international overview. *Urban Climate*, v. 33, p. 100667, set. 2020. http://dx.doi.org/10.1016/j.uclim.2020.100667.

MARENGO, José A. O futuro clima do Brasil. *Revista USP*, n. 103, p. 25, 22 nov. 2014. http://dx.doi.org/10.11606/issn.2316-9036.v0i103p25-32.

NASCIMENTO JR., Lindberg. o clima urbano como risco climático: contribuição da geografia do clima aos estudos sobre os climas das cidades. *Geo UERJ*, n. 33, p. e36827, dez. 2018. Disponível em: https://www.e-publicacoes.uerj.br/index.php/geouerj/article/view/36827/28276. Acesso em: 27 dez. 2022.

PAINEL BRASILEIRO DE MUDANÇAS CLIMÁTICAS (PBMC). *Relatório especial do Painel Brasileiro de Mudanças Climáticas: mudanças climáticas e cidades.* Rio de Janeiro: PBMC; COPPE; UFRJ, 2016. 98p. Disponível em: http://www.pbmc.coppe.ufrj.br/documentos/Relatorio_UM_v9_sumario-2017-1.pdf. Acesso em: 6 ago. 2021.

RAMYAR, Reza; ACKERMAN, Aiden; JOHNSTON, Douglas M. Adapting cities for climate change through urban green infrastructure planning. *Cities*, v. 117, p. 103316, out. 2021. http://dx.doi.org/10.1016/j.cities.2021.103316.

RELATÓRIO de Desenvolvimento Humano 2007/2008. Combater as alterações climáticas: solidariedade humana num mundo dividido. Pnud/ONU, 2007/2008. Disponível em: https://bvsms.saude.gov.br/bvs/publicacoes/relatorio_desenvolvimento_humano_2007_2008.pdf. Acesso em: 22 jul. 2021.

REVI, Aromar; SATTERTHWAITe, David; ARAGÓN-DURAND, Fernando; CORFEE-MORLOT, Jan; KIUNSI, Robert; PELLING, Mark; ROBERTS, Debra; SOLECKI, William. Urban Areas in Climate Change 2014: Impacts, Adaptation, and Vulnerability. Part A: Global and Sectoral Aspects. Contribution of Working Group II to the Fifth Assessment Report of the Intergovernmental Panel on Climate Change. 2014.

SANTOS, Michael M.; LANZINHA, João C.G.; FERREIRA, Ana Vaz. Review on urbanism and climate change. *Cities*, v. 114, p. 103176, jul. 2021. Disponível em: http://dx.doi.org/10.1016/j.cities.2021.103176.

SANTOS, Flávia M. M.; OLIVEIRA, Angela S.; NOGUEIRA, Marta C. J. A.; MUSIS, Carlos R.; NOGUEIRA, José de S. Análise do clima urbano de Cuiabá-MT-Brasil por meio de transectos móveis. *Paranoá*, Brasília, n. 11, p. 45-54, 2014.

SERRA, Rafael. *Climas: arquitectura y clima*. 4. ed. Barcelona: Editorial Gustavo Gili, 2004. 94 p. (Coleção GG Básicos).

SESANA, Elena; GAGNON, Alexandre; CIANTELLI, Chiara; CASSAR, JoAnn; HUGHES, John. Climate change impacts on cultural heritage: A literature review. *WIREs Climate Change*, n. 12, p. e710, 2021. DOI: https://dx.doi.org/10.1002/wcc.710. Disponível em: https://wires.onlinelibrary.wiley.com/doi/10.1002/wcc.710.

SOUZA, Guilherme D. C. de; SOUZA, Karina G. de A. Cidades patrimônio da humanidade e alterações climáticas: reflexões sobre os efeitos e conservação como medida de mitigação. *Revista CPC*, n. 15, p. 85, 11 abr. 2013. DOI: http://dx.doi.org/10.11606/issn.1980-4466.v0i15p85-109. Disponível em: https://www.revistas.usp.br/cpc/article/view/68630.

SHINZATO, Paula. *O impacto da vegetação nos microclimas urbanos*. 2009. Dissertação (Mestrado) – Faculdade de Arquitetura e Urbanismo da Universidade de São Paulo, São Paulo, 2009.

TORRES, Pedro; JACOBI, Pedro; BARBI, Fabiana; GONÇALVES, Leandra R. Cidades, metrópoles ou metrópoles expandidas devem se planejar para enfrentar as mudanças climáticas. *In*: TORRES, Pedro *et al.* (orgs.). *Governança e planejamento ambiental: adaptação e políticas públicas na macrometrópole paulista*. Rio de Janeiro: Letra Capital, 2019.

WOLLMANN, Cássio Arthur; SARTORI, Maria da Graça Barros. A nebulosidade como fator condicionante à percepção da pluviometria anual pela população urbana e rural de São Sebastião do Caí/RS. *Revista Brasileira de Geografia Física*, v. 3, n. 1, p. 1, 2 ago. 2010. DOI: http://dx.doi.org/10.26848/rbgf.v3i1.232651. Disponível em: https://periodicos.ufpe.br/revistas/rbgfe/article/view/232651.

WORLD METEOROLOGICAL ORGANIZATION. *Climate and urban development*. WMO-No. 844. Genève, 1996.

WORLD METEOROLOGICAL ORGANIZATION. *WMO statement on the state of the global climate in 2019*. WMO-No. 1248. Genève, 2020.

UNESCO World Heritage Convention. *Climate change and world heritage*. Report on predicting and managing the impacts of climate change on World Heritage and Strategy to assist States Parties to implement appropriate management responses. Paris, France, 2007.

UNESCO World Heritage Convention. *Policy document on the impacts of climate change on world heritage properties*. Document WHC07/16.GA/10 adopted by the 16th General Assembly of States Parties to the World Heritage Convention (out. 2007). 2008. Disponível em: http://whc.unesco.org/en/CC-policy-document. Acesso em: 27 dez. 2022.

UNESCO. *Predicting and managing the effects of climate change on world heritage.* Vilnius: UNESCO, 2006. Disponível em: http://whc.unesco.org/document/6670%20. Acesso em: 9 ago. 2021.

UNITED NATIONS. *Paris Agreement.* 2015. Disponível em: https://unfccc.int/sites/default/files/english_paris_agreement.pdf. Acesso em: ago. 2021.

ZANIRATO, Silvia Helena. A conservação do patrimônio natural e cultural diante das mudanças climáticas. *Conservar Património*, Lisboa (Portugal), n. 10, p. 69-77, 10 dez. 2009. Disponível em: https://www.redalyc.org/pdf/5136/513653435006.pdf. Acesso em: 9 ago. 2021.

CAPÍTULO 6

Aplicação da metodologia de zonas climáticas locais com foco na mitigação dos efeitos das mudanças climáticas em zonas de interesse de preservação

Pedro Henrique Gonçalves

Gabrieli Ozelame Ferrarez

Ernestina Rita Meira Engel

6.1 INTRODUÇÃO

A conservação do patrimônio edificado revela-se fundamental para a compreensão da evolução de um determinado local ao longo da história (BIGIO; OCHOA; AMIRTHAHMASEBI, 2011). Uma valiosa herança que justifica a importância dessa discussão é a necessidade de garantir às gerações futuras acesso ao legado que a humanidade recebeu de seus antepassados, sendo o patrimônio fonte insubstituível de vida e inspiração (UNESCO, 2007a), com papel determinante na educação e na cultura de uma civilização. Nesse âmbito, conclui-se que o objetivo da conservação preventiva é retardar ou minimizar os processos de deterioração e danos, de modo a prolongar o tempo de vida do patrimônio da humanidade.

Como mostram inúmeros estudos, as cidades que possuem patrimônios históricos edificados têm uma considerável vulnerabilidade à combinação dos efeitos decorrentes das alterações na composição atmosférica, como ondas de calor, secas e precipitações intensas. Além disso, as regiões costeiras possuem mais um agravante: o aumento do nível do mar, evento que pode acarretar inundações e problemas relacionados com a erosão do solo. Nessas circunstâncias, as alterações climáticas promovem efeitos que prejudicam diretamente a importância histórica e cultural do patrimônio edificado, além da perda de valor e receitas, que incluem os custos de reparação de danos, custos de relocação temporária, reformas, instalações etc. (CASSAR; HAWKINGS, 2007).

Dessa forma, a qualidade do ambiente urbano é um tema discutido há muitos anos pela comunidade acadêmica e por diversos líderes mundiais, os quais buscam encontrar métodos que possibilitem e incentivem um desenvolvimento sustentável da sociedade, com o objetivo de mitigar os impactos e preservar nossos bens existentes, bem como promover locais com conforto e qualidade de vida (LOPES, 2016). Diante dos novos desafios, o ponto inicial para esse processo, que visa conter as alterações climáticas, é o melhoramento dos conhecimentos sobre as vulnerabilidades e os riscos.

Conforme os relatórios do Intergovernmental Panel on Climate Change (IPCC), a gama de adaptações é muito vasta e vai além de procedimentos tecnológicos, implicando estratégias de gestão de políticas públicas e de mudanças comportamentais que possibilitem repensar a trajetória de desenvolvimento de modo a evitar, reduzir, ou adiar os impactos da degradação causada pelo homem ao planeta (IPCC, 2019). Para isso, são necessários instrumentos que auxiliem na obtenção de dados em níveis específicos, visando entender as problemáticas locais para, dessa forma, elaborar um plano sustentável que realmente atenda sua demanda. Além disso, a preferência é que sejam ferramentas de baixo custo, acessíveis ao público, além de ter os resultados disponibilizados de forma que garanta acesso fácil e universal.

Muitas publicações sobre o clima abordam dados geográficos em escala regional, com respostas generalizadas, que implicam resultados com pouca precisão e relevância em relação aos efeitos climáticos, quando na verdade o foco da análise são os pequenos espaços (MENDONÇA; DANNI-OLIVEIRA, 2007). Por isso, a classificação dos espaços em zonas climáticas locais é um método que leva em consideração, desde a coleta até ao tratamento dos dados, inúmeros fatores que aumentam a complexidade de seu processo. Em compensação, a metodologia apresenta como resultado um grande detalhamento de áreas específicas, permitindo a realização de diversas pesquisas e análises com base nesses valores.

Neste capítulo, será abordada a conceituação principal da metodologia de zonas climáticas locais, bem como sua relação e contribuição com as pesquisas sobre mitigação dos efeitos climáticos em zonas com interesse de preservação. Serão trazidos os principais parâmetros, suas definições, além de sua aplicabilidade e relação com a temática do patrimônio.

6.2 ZONAS CLIMÁTICAS LOCAIS E O PATRIMÔNIO

Proposta por Stewart e Oke (2012), as zonas climáticas locais (ZCL; no original em inglês, *local climate zones* – LCZ) são uma metodologia de classificação de paisagem que tem como objetivo detalhar informações climáticas de áreas específicas, visando classificar as paisagens em fichas técnicas por meio de características homogêneas predeterminadas (ENGEL; FERRAREZ; GONÇALVES, 2021). Elas também podem ser definidas como "regiões com estrutura, materiais, atividades humanas e cobertura de superfície uniformes que se estendem por centenas de metros horizontalmente" (STEWART; OKE, 2012).

A princípio, o modelo de classificação foi desenvolvido pelos autores para a investigação dos efeitos das ilhas de calor urbanas (ICU), mas, por meio dos dados coletados e da manipulação destes ao longo dos anos, diversos pesquisadores concluíram em seus estudos que tal esquema permitia também a análise de inúmeros outros efeitos térmicos provocados pela estrutura urbana. Dentre esses efeitos estão a aerodinâmica do vento, a concentração de poluentes na atmosfera, índices de conforto, disponibilidade de umidade, absorção térmica, entre outros (FERREIRA, 2019 *apud* ENGEL; FERRAREZ; GONÇALVES, 2021).

Dessa forma, para possibilitar uma análise com precisão e relevância de áreas com diferentes características espaciais e sociais, as zonas climáticas locais são compostas por dezessete classes padrão, divididas em dois grupos: um de tipologias construídas e outro de tipologias de cobertura do solo (STEWART; OKE, 2012). Os parâmetros utilizados para essa classificação são complexos e têm base em propriedades físicas (geométricas e de cobertura superficial) e também em propriedades térmicas, radiativas e metabólicas (DAVENPORT *et al.*, 2000). São eles: fator visão de céu, relação H/W, fração de superfície edificada, fração de superfície permeável, fração de superfície impermeável, altura dos elementos de rugosidade, classe de rugosidade do terreno, admitância de superfície, albedo superficial e saída de calor antropogênico.

Por meio da coleta e manipulação desses parâmetros, estudos locais de alto detalhamento conseguem gerar um mapeamento dinâmico e efetivo. A comparação dos dados coletados com os dados tabelados pelos autores Stewart e Oke (2012) resulta em uma catalogação digital e de fácil acesso, formando uma importante ferramenta gráfica que pode servir como base de informações para diversos estudos climáticos, tanto de pequenas como de grandes áreas.

Pode-se citar como exemplo a aplicação da classificação na cidade de Goiânia (GO), onde o método de coleta de dados para monitoramento do clima foi aplicado mediante o uso de sensores e transectos urbanos realizados no entorno do campus da Universidade Federal de Goiás (UFG). Com o objetivo de promover a primeira etapa do processo, que consiste na coleta e no mapeamento dos dados de temperatura e umidade do recorte de estudo (Figura 6.1), os autores realizaram a interpolação desses valores e fizeram a predeterminação das zonas locais (Figura 6.2), possibilitando análises como a alta variação de valores em curtos espaços de deslocamento. Como todo o solo do transecto é pavimentado, a variação é ocasionada pela paisagem do entorno, que alterna entre bosques e áreas abertas sem vegetação. Essa análise só pôde ser concluída devido ao nível de detalhamento em microescala que as ZCL permitem.

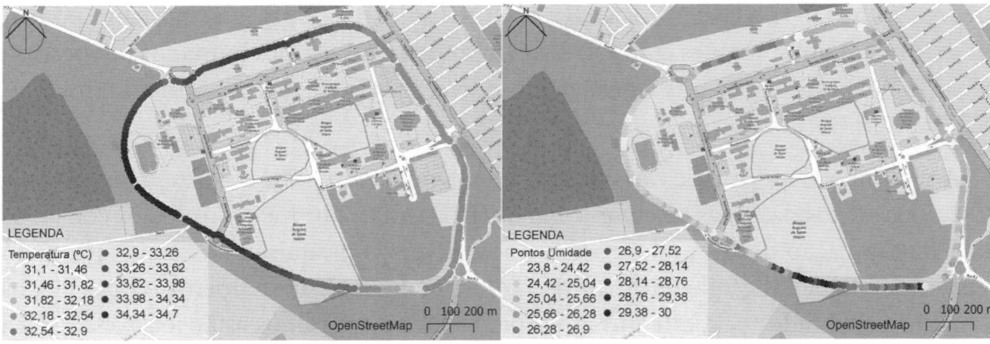

Figura 6.1 Resultado dos dados de coleta de temperatura e umidade.

Fonte: Engel, Ferrarez e Gonçalves (2021).

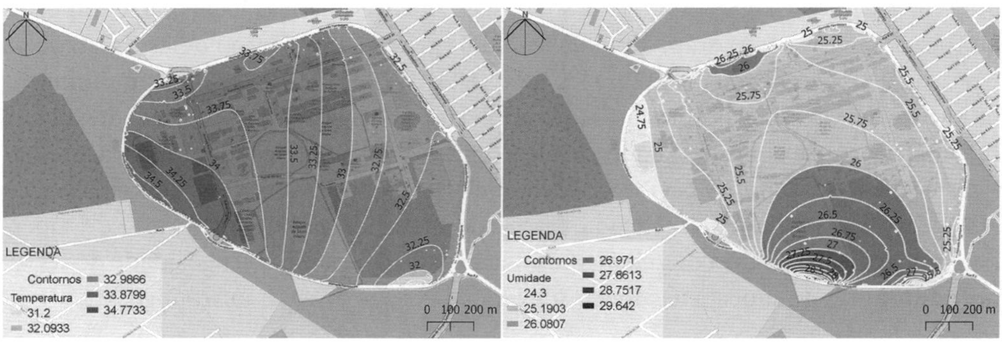

Figura 6.2 Resultado da interpolação dos dados de temperatura e umidade.

Fonte: Engel, Ferrarez e Gonçalves (2021).

Quanto à sua relação com o patrimônio, a metodologia de classificação ganha ainda mais importância, visto que há uma grande falta de dados básicos para a realização das simulações dos patrimônios históricos, como afirmam em seus estudos os autores Martins *et al.* (2013), Munarim, Mendonça e Ghisi (2014), e Lanzarote *et al.* (2020). Devido à idade das edificações e ao seu grau de proteção, seus principais aspectos construtivos são de difícil acesso, bem como a composição correta dos materiais e todos os valores de condutividade térmica, densidade e o calor específico destes. Além disso, o comportamento térmico dos ambientes e estruturas é um parâmetro de avaliação muito importante para a identificação da qualidade do ar interno e para definir a durabilidade dos materiais, influenciando a programação de futuras reformas e reparos desses espaços (MUNARIM, MENDONÇA; GHISI, 2014).

Outro elemento extremamente importante é a criação de arquivos climáticos, gerando uma espécie de histórico de variações do clima ao longo do ano e mostrando suas alterações com o passar do tempo (CARLO, 2005). Normalmente, o arquivo climático é realizado com dados extraídos de estações meteorológicas, localizadas distante do local onde a edificação foi construída. Esse fator interfere na precisão dos resultados, e, consequentemente, nas simulações geradas para tal ambiente. Dessa forma, as metodologias de mapeamento focadas na microescala são importantes. Os dados gerados são precisos, o que permite sua utilização em estudos que visam à mitigação dos efeitos negativos dos fenômenos climáticos em escala urbana, bem como nas áreas com interesse de preservação.

Com a coleta e manipulação dos dez parâmetros propostos pela metodologia, as pendências para a análise do patrimônio podem ser supridas e ainda oferecer novos dados para estudos mais avançados. Para isso, é importante entender como cada parâmetro funciona separadamente, em qual área atua, como se apresentam os dados e qual sua contribuição efetiva para o estudo.

6.3 PARÂMETROS DE ANÁLISE E SUAS CONTRIBUIÇÕES ESPECÍFICAS

6.3.1 ADMITÂNCIA DE SUPERFÍCIE (ADM. SUP.), ALBEDO SUPERFICIAL (ALB. SUP.) E SAÍDA DE CALOR ANTROPOGÊNICO (CLR. ANT.)

De acordo com Zanirato e Ribeiro (2014), vários especialistas asseguram que um aquecimento global médio na superfície terrestre superior a 2 °C provocará efeitos irreversíveis nos ecossistemas e nas sociedades humanas, incluindo na economia e na saúde. As alterações climáticas têm um grande impacto sobre o patrimônio histórico cultural, pois aumentam o risco de deterioração, tanto pelos aspectos ambientais, localização geográfica e ordenamento territorial como pelo balanço energético alterado pela ação humana.

A expansão territorial urbana e as atividades desempenhadas nesses ambientes modificam radicalmente a paisagem natural. Obviamente, modificações na superfície da Terra não se limitam às áreas urbanizadas, pois vastas áreas com cobertura vegetal nativa foram convertidas à agricultura, mineração, pastagens, reservatórios, dentre outros usos (AMORIM, 2020). Mas é o conjunto de todas essas modificações que alteraram o balanço energético, sendo este fortemente influenciado dentro das cidades devido à substituição da vegetação por construções e a impermeabilização do solo, como se pode confirmar pelos últimos estudos realizados pela Nasa, que ilustram o aumento generalizado da temperatura no globo entre os anos de 1920 até 2015. No início da série, a média da temperatura global da superfície ficou em torno de -4 °F, enquanto nos últimos anos essa média subiu para 4 °F (MEMON; LEUNG; CHUNHO, 2008).

Essas alterações citadas resultam na absorção e reflexão de calor dos diferentes materiais da superfície, e também na geração do calor antropogênico, associado a atividades humanas como o aumento do calor produzido por veículos, indústrias e climatizadores de ambientes internos.

O calor antropogênico é gerado pelas atividades humanas e é proveniente de diversas fontes, como edifícios, processos industriais, carros e até mesmo as próprias pessoas. Para determinar quanto calor antropogênico é produzido em uma determinada região, toda a utilização de energia (comercial, residencial, industrial e transporte) deve ser somada. A soma é então dividida pela área da região para permitir a comparação entre diferentes cidades.

Outros dois fatores importantes que influenciam as alterações climáticas urbanas em termos gerais, são a admitância de superfície, parâmetro relacionado com a capacidade da superfície dos materiais que compõem os ambientes de acumular ou liberar o calor, e o albedo, que é a razão da quantidade de radiação solar refletida por uma superfície, sendo calculado como a razão entre a quantidade de radiação refletida e a quantidade de radiação recebida.

Em termos geográficos, esses dois fatores representam a relação entre a quantidade de luz refletida pela superfície terrestre e a quantidade de luz recebida do Sol, afetando diretamente a temperatura de equilíbrio da Terra. Assim, o clima urbano é diretamente influenciado pelo processo de urbanização, o qual altera a superfície do solo e insere diferentes tipos de superfícies reflexivas, causando alterações nos balanços energéticos, hídricos, térmicos e nos fluxos aerodinâmicos.

A alteração da refletividade das superfícies em áreas urbanas tem grande relação com o uso de materiais com superfícies altamente reflexivas em telhados, elementos construtivos verticais e horizontais. As mudanças no uso do solo ocasionadas pelo homem contribuem para o efeito do calor urbano, acarretando o aumento da temperatura do ar.

Também podem alterar o albedo a conformação urbana e sua evolução, que impactam as condições de estresse, com efeitos potenciais nas propriedades dos materiais que compõem os edifícios, como resistência, durabilidade e permeabilidade, alterando o ciclo de vida das edificações. Dessa forma, o estudo dos parâmetros citados é essencial para identificar áreas com alterações decorrentes dos fenômenos climáticos, buscando evitar a deterioração de edificações em áreas de interesse histórico.

6.3.2 FATOR VISÃO DO CÉU (FVC)

Há alguns anos, o tema da preservação do patrimônio cultural é visto como uma das possibilidades de manter e promover uma melhor qualidade de vida urbana, com o objetivo de conter o adensamento e as inúmeras transformações na natureza que vêm ocorrendo no mundo todo. Dessa forma, cresceram as exigências para que o Instituto do Patrimônio Histórico e Artístico Nacional (Iphan) promova uma atuação eficiente nas áreas com maiores problemas, como o entorno dos bens tombados em áreas urbanas, visto ser o órgão responsável pela implementação de estudos técnicos e pelas proposições de regulamentação na ocupação de vizinhanças de bens tombados.

Todavia, interesses financeiros privados, principalmente dos especuladores imobiliários, pressionam contra a preservação dos entornos, já que seu maior objetivo é conquistar áreas e empreender sobre elas.

Esse contexto de ideologias opostas exige, mais do que nunca, a realização de diversos estudos técnicos que se tornam indispensáveis "para conferir maior transparência e visibilidade aos critérios utilizados nas análises dessas situações" (SANT'ANNA, 1995). Em outras palavras, é preciso obter provas científicas de que a preservação dos entornos representa um importante instrumento de política urbana para promover um desenvolvimento sustentável, o qual traz benefícios em micro e em macroescala climática, além de ser algo se que toda a população poderá desfrutar, diferentemente de ações privadas que beneficiam economicamente apenas um pequeno grupo de pessoas (MOTTA; THOMPSON, 2010).

Dentre os instrumentos utilizados no estudo para a argumentação acerca da importância da preservação do entorno das edificações históricas, está o parâmetro fator visão de céu (FVC). Ele pode ser definido como uma estimativa da área celeste visível que indica a relação geométrica entre a terra e o céu, avaliando a fração de obstrução do fluxo de radiação por qualquer edificação, elemento ou equipamento urbano presente na abóbada celeste. Essa radiação é o fator que influencia diretamente a formação de ilhas de calor e também a caracterização da densidade, geometria e equilíbrio térmico local (RATTI; RICHENS, 1999). O céu, por apresentar normalmente uma temperatura inferior à da superfície terrestre, é elemento fundamental para esse cálculo.

Dessa forma, diferentes FVC significam diferentes balanços de radiação e, consequentemente, diferentes armazenamentos de energia. Um local com FVC igual a 1 (sem nenhuma obstrução) sob condições de céu claro recebe radiação de onda curta durante o dia todo e emite radiação de onda longa à noite. Já um ambiente mais obstruído, normalmente, recebe menos radiação de onda curta diretamente, mas pode recebê-la por reflexão de paredes ou outras estruturas, além de estar suscetível a radiações adicionais de ondas longas provenientes dessas superfícies. Assim, pode aquecer mais e, principalmente, prolongar o período de emissão à noite (CHAPMAN, 2007).

Nesse sentido, estudar a figura do entorno se apresenta como um instrumento não somente protetor do bem tombado em si, mas também evidencia como essas áreas de preservação são necessárias em todo o contexto urbano, visto que são responsáveis tanto por garantir um conforto térmico adequado quanto por promover a preservação dos materiais construtivos e de revestimento, os quais ficam em contato permanente com os fenômenos climáticos e suas variações. Ademais, entender a importância do entorno de uma edificação contribui diretamente com os planejamentos urbanos, criando uma importante diretriz que pode orientar e identificar as áreas que devem ser preservadas e monitoradas.

6.3.3 FRAÇÃO DE SUPERFÍCIE PERMEÁVEL (% PERM.) E FRAÇÃO DE SUPERFÍCIE IMPERMEÁVEL (% IMP.)

A rápida urbanização e industrialização fez com que os centros urbanos adquirissem uma característica marcante em seu espaço: a presença de grandes áreas asfaltadas e concretadas, que são superfícies impermeáveis que possuem alta capacidade de armazenamento de calor proveniente da radiação (NAISHI; ZUGANG; LIUFEI, 1998). A substituição de solos permeáveis, que promovem uma melhora das condições de habitabilidade térmica dessas áreas, benefício que pode ser observado tanto em períodos de aquecimento quanto de resfriamento, por materiais artificiais afeta significativamente o clima em microescala e até mesmo em grande escala, aumentando as temperaturas e diminuindo o conforto térmico local.

Assim, a fração de superfície impermeável é um parâmetro extremamente importante na cobertura do solo urbano, visto que provoca alteração no calor sensível e latente existente entre a superfície urbana e a camada limite superior. Já a fração de superfície permeável é um valor que designa a capacidade dos materiais e elementos de auxiliar no resfriamento da superfície urbana. Esses dois parâmetros são essenciais para a análise climática local, apresentando a localização e a porcentagem de áreas permeáveis e impermeáveis de cada recorte de estudo determinado, dados que possibilitam diversas investigações, como a ação da umidade ou a falta dela, as quais estimulam eventos climáticos que têm ação direta na estrutura da edificação histórica, na superfície e no conforto. Dentre esses eventos, pode-se citar a chuva ácida, impregnação salina, corrosão e acúmulo de biomassa (THE GETTY CONSERVATION INSTITUTE; THE NATURAL RESOURCES DEFENSE COUNCIL, 2008).

Além disso, uma coleta específica para cada local torna-se ainda mais importante, visto que os mesmos materiais podem ter reações e comportamentos diferentes de acordo com cada clima local do mundo, principalmente os materiais utilizados nas edificações históricas, que comumente são elementos locais, naturais e sem informações técnicas catalogadas (UNESCO, 2007b). De acordo com as pesquisas realizadas pelo Icomos:

> Um exemplo são as madeiras, que quando empregadas em regiões frias ficam mais vulneráveis ao ataque de pragas como cupins e fungos à medida que a temperatura aumenta, enquanto nas zonas quentes o calor maior pode levar a um ressecamento e perda de resistência e flexibilidade. Já as estruturas construídas em barro são prejudicadas com o aumento da precipitação e da umidade, e alguns tipos de pedra têm sua longevidade reduzida e porosidade modificada sob novos estressantes térmicos, higroscópicos e biológicos. (ICOMOS SCIENTIFIC COUNCIL, 2007, tradução nossa)

Nesse sentido, as mudanças na umidade, estabilidade e arejamento dos solos, promovidas pelas alterações na cobertura natural, devem afetar tanto a estabilidade e a durabilidade dos sítios arqueológicos subterrâneos e das fundações das estruturas como a qualidade de vida e o conforto vivenciados ao redor e dentro das edificações. Além disso, grande parte dos centros históricos e locais com interesse de preservação apresenta áreas impermeáveis e com pouca quantidade de vegetação em seu entorno, fator que contribui para o aumento de fenômenos climáticos como as ilhas de calor urbanas.

6.3.4 ALTURA DOS ELEMENTOS DE RUGOSIDADE (ALT. RUG.) E CLASSE DE RUGOSIDADE DO TERRENO (CLS. RUG.)

Com diversas influências e mudanças na forma de construir e organização os espaços urbanos, muitas vezes as edificações de patrimônio histórico encontram-se cercadas por diversos edifícios enormes e modernos que representam a nova expressão arquitetônica das cidades. Essa verticalização, apesar do aspecto imponente e grandioso, tem sido responsável por diversas alterações climáticas nos últimos tempos, como a modificação dos padrões de comportamento dos ventos e a dificuldade de acesso à luz solar (geração de sombras), elementos que são cruciais para manter o padrão de aquecimento de determinada região (PEZZUTO *et al.*, 2015).

Analisando o padrão de altura das edificações de um recorte de estudo por meio da análise da trajetória de deslocamento do sol e dos ventos, é possível saber como uma nova ou antiga construção será afetada pelos fenômenos climáticos locais. Para Feng e Myint (2016), áreas compostas por construções de baixo e médio gabarito têm uma relação positiva com o comportamento da temperatura superficial terrestre, pois absorvem e liberam a mesma quantidade de energia. Todavia, à medida que se tornam mais abrangentes a relação do padrão de altura das edificações, essa relação deixa de se anular, transformando as edificações em consideráveis fontes de calor.

Além disso, em malhas urbanas excessivamente densas e rugosas, a velocidade do vento é reduzida, tornando o calor difícil de ser dissipado (OKE, 1996). Assim, a classe de rugosidade é um dos fatores que mais podem afetar a circulação do ar no tecido urbano, intervindo no desempenho térmico e na qualidade ambiental dos espaços urbanos e de seus edifícios. Essa interferência acaba afetando até mesmo, e de modo significativo, a permeabilidade dos ambientes construídos ao vento, resultando em áreas com fortes correntes de vento ou em zonas de estagnação do escoamento de ar (NG *et al.*, 2011).

A coleta desses dados permite que eles sejam utilizados como base para a elaboração e determinação de parâmetros de planos diretores, documento que determina as leis urbanas e o padrão de construção local, indicando, por exemplo, os valores limites de gabarito para cada zona específica. Dessa forma, criar uma limitação de altura para as novas edificações construídas próximo a centros históricos evitaria a alteração do ciclo natural dos fenômenos que incidem nesses locais, além de preservar a paisagem urbana local.

6.3.5 RELAÇÃO H/W E FRAÇÃO DE SUPERFÍCIE EDIFICADA (% EDIF.)

A geometria urbana é um dos fatores que possui maior influência na formação de ilhas de calor (ICU). Sua variação nos ambientes urbanos pode influenciar o aumento ou a diminuição de valores de temperatura do ar em relação aos dados medidos nos arredores da cidade, na velocidade e direção dos ventos, na forma de recebimento de radiação por ondas curtas e na liberação de calor através de ondas longas (MONTEIRO, 2018).

Na escala de estudo da camada de cobertura urbana, encontra-se uma considerável complexidade para definir essa geometria devido às diversas formas de arranjo de superfícies. Para caracterizar esses arranjos, pode ser adotada uma unidade de superfícies ativas, o cânion urbano, que é constituído por paredes e chão (normalmente uma rua) entre dois edifícios adjacentes. Segundo Nakata-Osaki, Souza e Rodrigues (2016), esse arranjo reconhece a natureza tridimensional da cobertura urbana e permite a interação entre edifícios, em vez de tratá-los como objetos isolados. Conforme ilustra a Figura 6.3, essa relação é definida pela razão entre as alturas médias dos elementos verticais (H) e a distância horizontal entre eles (W).

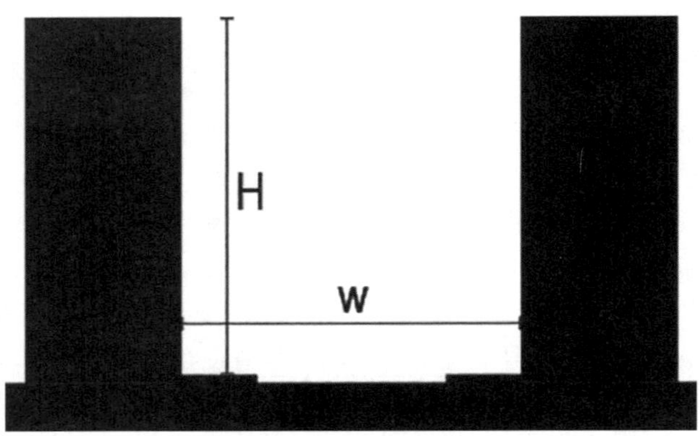

Figura 6.3 Relação H/W.

Outro elemento que interfere diretamente na intensidade das ilhas de calor urbano é a fração de superfície edificada (% Edif.). Ele expressa a cobertura, que possui uma relação linear com a geometria dos edifícios, também conhecida por área construída (BOTTYÁN *et al.*, 2005; BHATTI; TRIPATHI, 2014). Esse parâmetro descreve a cobertura do solo urbano, estando caracterizado pela área ocupada por edifícios (STEWART; OKE, 2012), expondo, assim, sua densidade e concentração, uma influência importante na variação da temperatura do ar.

Estudos indicam que em locais com edificações mais altas e concentradas, há um aumento rápido de temperatura em relação a áreas com habitações mais esparsas. A diferença de temperatura pode chegar a mais de 2 °C entre as duas zonas. Confirma-se, dessa maneira, que valores elevados de % Edif. remetem a áreas com alto grau de efeito antrópico (urbanização), sendo consistentes com o aumento geral da temperatura.

Com isso, conclui-se que as taxas de resfriamento e temperaturas mínimas, médias e máximas aumentam consideravelmente conforme diminui a relação H/W e aumenta o % Edif. (GIANNOPOULOU *et al.*, 2010). Nesse contexto, o parâmetro se torna essencial em locais com interesse de preservação para a compreensão da dinâmica climática e a busca de soluções que amenizem os efeitos das mudanças climáticas nos locais onde a geometria urbana os acentua.

6.4 CONSIDERAÇÕES FINAIS

O objetivo de mitigar os efeitos climáticos em áreas onde existem edificações de patrimônio histórico está sendo estudado e executado de diversas formas por todo o mundo. Pesquisas em diversos campos são realizadas por meio do desenvolvimento e implantação de políticas e procedimentos, buscando condições ambientais favoráveis para a preservação de acervos e coleções de forma compatível com a sua utilidade social, identificando os agentes de deterioração que afetam a edificação e compreendendo os processos relacionados com esses agentes, monitorando o estado de preservação, criando planos de respostas a emergências, e também criando planos de correto manuseio, transporte, utilização e exposição.

No caso da discussão apresentada, uma das ferramentas adotadas para toda a análise e observação de dados foi a das Zonas Climáticas Locais e seus parâmetros, os quais permitem um estudo detalhado de determinada área da cidade, como centros históricos, para que os problemas e suas possíveis soluções sejam específicas e certeiras. A análise desses parâmetros, dentro do contexto do patrimônio cultural edificado, é importante, pois as edificações históricas possuem forte relação com o clima urbano, sendo influenciadas pela exposição às variáveis ambientais que acabam interferindo nos ciclos de umedecimento, secagem, aquecimento e resfriamento. Além disso, a combinação das variáveis ambientais pode resultar na aceleração ou retardo dos processos de degradação, afetando o estado de conservação ao longo do tempo.

Além de o contexto climático afetar a preservação do patrimônio, seus processos degenerativos interferem diretamente na qualidade de vida no meio urbano, sendo de suma importância a utilização de instrumentos de monitoramento que integrem os diversos fatores ambientais e que auxiliem em análises conjuntas que alimentarão o processo do planejamento urbano. Nesse contexto, o clima passa a valer como categoria de análise e de grande desempenho, e é utilizado como base para a elaboração dos planejamentos urbanos das cidades, visto que esses documentos são referências para as futuras construções e também para a preservação e monitoramento dos espaços já existentes.

Dessa forma, a metodologia se apresenta como uma importante ferramenta para o planejamento urbano, da microescala até a macroescala. Por meio da análise dos parâmetros, é possível realizar uma análise ampla e específica do local de estudo, acerca de diversas variáveis que influenciam nos efeitos climáticos e que devem ser alvo de estudos. Além disso, os estudos podem ser utilizados por planejadores e gestores urbanos, constituindo-se como uma importante ferramenta na gestão das mudanças climáticas, possibilitando a criação de um banco de dados climáticos e o monitoramento constante, na busca por melhorar a qualidade ambiental do espaço urbano como um todo.

REFERÊNCIAS

AMORIM, Margarete Cristina de C. T. Ilhas de calor urbano em cidades de pequeno e médio porte no Brasil e o contexto das mudanças climáticas. *Dossiê Políticas e Mudanças Climáticas*, n. 46, 2020. DOI: https://dx.doi.org/10.4000/confins.31403. Disponível em: https://journals.openedition.org/confins/31403. Acesso em: 18 fev. 2021.

BHATTI, Saad Saleem; TRIPATHI, Nitin Kumar. GIScience & Remote Sensing Built-up area extraction using Landsat 8 OLI imagery. *GIScience & Remote Sensing*, v. 51, n. 4, p. 445-467, 2014.

BIGIO, Anthony G.; OCHOA, Maria Catalina; AMIRTHAHMASEBI, Rana. Climate resilient, climate-friendly. Word heritage cities. *In*: WORLD CONGRESS OF THE ORGANIZATION OF WORLD HERITAGE CITIES ON WORLD HERITAGE CITIES AND CLIMATE CHANGE, 11., 2011, Sintra, Portugal.

BOTTYÁN, Zsolt; KIRCSI, Andrea; SZEGEDI, Sándor; UNGER, János. The relationship between built-up areas and the spatial development of the mean maximum urban heat island in Debrecen, Hungary. *International Journal of Climatology*, v. 25, n. 3, p. 405-418, 2005.

CARLO, Joyce Correna. AET n. 02/04 – Elaboração de Regulamentação e Classificação de Edificações Eficientes: Processamento de Arquivos Climáticos para Simulação do Desempenho Energético de Edificações. Relatório LabEEE. Florianópolis, fev. 2005.

CASSAR, May; HAWKINGS, Chris. Quantifying the costs of climate change impacts on the built heritage. *In*: CASSAR, May; HAWKINGS, Chris. *Engineering historic futures: Stakeholders disseminatation and scientific research report*. London: University College London, 2007.

CHAPMAN, L. Improved one dimensional energy balance modelling utilizing sky-view factors determined from digital imagery. *In*: SIRWEC CONFERENCE, 10., 2007, Davos, Switzerland. *Proceedings*... Davos, 2007. Disponível em: https://research.birmingham.ac.uk/en/publications/improved-one-dimensional-energy-balance-modelling-utilising-sky-v. Acesso em: 18 nov. 2020.

DAVENPORT, Alan G.; GRIMMOND, Christine Susan B.; OKE, Tim R.; WIERINGA, Jon. Estimating the roughness of cities and sheltered country. 12ª Conferência em Climatologia Aplicada, Asheville, *American Meteorological Society*, v. 4B, n. 2, p. 96-99, 2000.

ENGEL, Ernestina Rita Meira; FERRAREZ, Gabrieli Ozelame; GONÇALVES, Pedro Henrique. Construção e validação de sistema móvel de coleta de dados para construção de zonas climáticas. *In*: ENCONTRO DE SUSTENTABILIDADE EM PROJETO, 9., 2021, Florianópolis. *Anais do ENSUS 2021*, v. 9, n. 3, p. 37-48, 2021.

FENG, Xin; MYINT, Soe W. Exploring the effect of neighboring land cover pattern on land surface temperature of central building objects. *Building and Environment*, n. 95, p. 346-354, 2016.

GIANNOPOULOU, Konstantina-Stavroula; SANTAMOURIUS, Mat; LIVADA, I; GEORGAKIS, Christos; CAOURIS, Y. The impact of canyon geometry on intra urban and urban: Suburban night temperature diferences under warm weather conditions. *Pure and Applied Geophysics*, v. 167, n. 11, p. 1433-1449, 2010.

ICOMOS SCIENTIFIC COUNCIL. Recommendations from the Scientific Council Symposium Cultural Heritage and Global Climate Change (GCC), 2007.

IPCC. *Working Group II. Climate change 2019: impacts, adaptation, and vulnerability.* 2019. Disponível em: http://www.ipcc.ch. Acesso em: 19 fev. 2021.

LANZAROTE, B. Serrano; MELERO, P. Carnero; ESCRIBANO, V. Valero; PAREJA, L. Ramírez. Digital energy simulation of buildings protected by municipal heritage policies in the framework of energy renovation projects. *Isprs – International Archives of the Photogrammetry, Remote Sensing and Spatial Information Sciences*, p. 421-426, 2020. DOI: http://dx.doi.org/10.5194/isprs-archives-xliv-m-1-2020-421-2020. Disponível em: https://www.int-arch-photogramm-remote-sens-spatial-inf-sci.net/XLIV-M-1-2020/421/2020/.

LOPES, Anaísa Filmiano Andrade. *O programa cidade sustentável, seus indicadores e metas: instrumentos metodológicos para a avaliação da sustentabilidade no município de Prata/MG.* 2016. Dissertação (Mestrado em Arquitetura e Urbanismo) – Universidade Federal de Uberlândia, Uberlândia, 2016.

MARTINS, Tathiane Agra de Lemos; BONHOMME, Marion; ADOLPHE, Luc. Análise do impacto da morfologia urbana na demanda estimada de energia das edificações: um estudo de caso na cidade de Maceió, AL. *Ambiente Construído*, Porto Alegre, v. 13, n. 4, p. 213-233, out./dez. 2013.

MEMON, Rizwan Ahmed; LEUNG, Dennis Y. C.; CHUNHO, Liu. A review on the generation, determination and mitigation of Urban Heat Island. *Journal of Environmental Sciences*, v. 20, n. 1, p. 120-128, 2008.

MENDONÇA, Francisco; DANNI-OLIVEIRA, Inês Moresco. *Climatologia: noções básicas e climas do Brasil.* São Paulo: Oficina de Texto, 2007. 206 p.

MONTEIRO, Verônica Stefanichen. *Zonas Climáticas Locais e a relação com a morfologia urbana: Estudo de caso – Campinas/SP.* 2018. Dissertação (Mestrado em Sistemas de Infraestrutura Urbana) – Pontifícia Universidade Católica de Campinas, Campinas, 2018.

MOTTA, Lia; THOMPSON, Analucia. *Entorno de bens tombados. Série pesquisa e documentação do Iphan*. Rio de Janeiro: Iphan/DAF/Copedoc, 2010.

MUNARIM, Ulisses; MENDONÇA, Ariadne M. de; GHISI, Enedir. Simulação computacional de edificações aplicado ao patrimônio edificado. *In:* CONGRESSO INTERNACIONAL DO PATRIMÔNIO ARQUITETÔNICO E EDIFICADO, 12., 2014, Bauru. *Anais* [...]. Bauru, 2014. p. 1-10.

NAISHI, Lin; ZUGANG, Zhou, LIUFEI, Zhou. An analytical study on the urban boundary layer. *Advances in Atmospheric Sciences*, Beijing, v. 15, n. 2, p. 258-266, 1998.

NAKATA-OSAKI, Camila Mayumi; SOUZA, Léa Cristina Lucas de; RODRIGUES, Daniel Souto. Impacto da geometria do cânion urbano na intensidade de ilha de calor noturna: análise através de um modelo simplificado adaptado a um SIG. *Ambiente Construído*, Porto Alegre, v. 16, n. 3, p. 73-87, 2016.

NASA. *Global temperature*. NASA's JET Propulsion Laboratory, California Institute of Technology. Disponível em: https://climate.nasa.gov/vital-signs/global-temperature/. Acesso em: 8 mar. 2021.

NG, Edward; YUAN, Chao; CHEN, Liang; REN, Chao; FUNG, Jimmy C. H. Improving the Wind environment in high-density cities by understanding urban morphology and surface roughness: a study in Hong Kong. *Landscape and Urban Planning*, v. 101, p. 59-74, 2011.

OKE, Tim R. *Boundary layer climates*. 2. ed. New York: Routledge, 1996.

PERINI, Katia; MAGLIOCCO, Adriano. Effects of vegetation, urban density, building height, and atmospheric conditions on local temperatures and thermal comfort. *Urban Forestry & Urban Greening*, v. 13, n. 3, p. 495-506, 2014.

PEZZUTO, Claudia Cotrim; ALCHAPAR, Noelia Liliana; LABAKI, Lucila Chebel; CORREA, Erica Norma. Efeito da vegetação na variação da temperatura urbana em diferentes climas: estudo de caso na cidade de Campinas e Mendonza. *In*: ENCONTRO NACIONAL DE CONFORTO NO AMBIENTE CONSTRUÍDO, 13., e ENCONTRO LATINOAMERICANO DE CONFORTO NO AMBIENTE CONSTRUÍDO, 19., 2015, Campinas, SP.

RATTI, Carlo; RICHENS, Paul. Urban texture analysis with image processing techniques. *In*: CAADFUTURES, 1999, Atlanta. *Proceedings*. Atlanta: GE, 1999.

SANTANNA, Ilza Martins. *Por que avaliar? Como avaliar? Critérios e instrumentos*. Petrópolis, RJ: Vozes, 1995.

STEWART, Iain D.; OKE, Timothy. R. Local climate zones for urban temperature studies. *Bulletin of the American Meteorological Society*, v. 93, n. 12, 2012. DOI: https://dx.doi.org/10.1175/BAMS-D-11-00019.1. Disponível em: https://journals.ametsoc.org/view/journals/bams/93/12/bams-d-11-00019.1.xml.

THE GETTY CONSERVATION INSTITUTE; THE NATURAL RESOURCES DEFENSE COUNCIL. *Climate change and preserving cultural heritage in the 21st century.* The Getty Conservation Institute, 2008.

UNESCO. World Heritage Convention. About World Heritage. 2007a. Disponível em: http://whc.unesco.org/en/about/. Acesso em: 27 dez. 2022.

UNESCO. World Heritage Convention. Policy Document on the Impacts of Climate Change on World Heritage Properties. 2007b. Disponível em: https://whc.unesco.org/en/news/441. Acesso em: 27 dez. 2022.

UNGER, J.; BOTTYÁN, Zsolt; SÜMEGHY, Z.; GYLYÁS, Ágnes. Urban heat island development affected by urban surface factors. *Időjárás*, v. 104, n. 4, p. 253-268, 2000.

ZANIRATO, Sílvia Helena; RIBEIRO, Wagner Costa. Mudanças climáticas e risco ao patrimônio cultural em Ouro Preto – MG – Brasil. *Confins*, n. 21, 19 out. 2014. Disponível em: https://journals.openedition.org/confins/9673#quotation. Acesso em: 31 out. 2020.

CAPÍTULO 7

Monitoramento do patrimônio edificado: estudo de casos no Brasil

Ana Luísa Wuttke

Laura Beatriz Fin

Clarissa Sartori Ziebell

7.1 INTRODUÇÃO

Quando se trata de mudanças climáticas, o monitoramento pode ser utilizado em diversas situações. Pode-se citar como exemplo o acompanhamento da evolução do nível do mar, da formação de ilhas de calor e de alterações climatológicas. A subida do nível do mar pode ser registrada pelo monitoramento por satélite, e seus impactos são observados "na dinâmica morfológica, nas constantes inundações, na erosão da linha de costa, na perda de ambientes" e na "dinâmica social" (BRAGA; PIMENTEL; ROCHA, 2020). As ilhas de calor no meio urbano são responsáveis por reduzir a qualidade do ar e elevar a temperatura e podem ser notadas mediante técnicas de sensoriamento remoto em combinação com levantamentos de campo (WERNECK; AZEVEDO; ROMERO, 2019). As alterações climatológicas são percebidas pelo monitoramento atmosférico em superfície, por meio de estações climatológicas completas, que incluem medições de "precipitação, temperatura, umidade, vento, pressão, insolação e radiação global e líquida" (CENTRO DE GESTÃO E ESTUDOS ESTRATÉGICOS, 2013).

O monitoramento passa, portanto, pela definição do que será monitorado, do objetivo e do equipamento. Neste presente artigo, o estudo do monitoramento é voltado para a sua aplicação em edificações históricas. Sabe-se que toda edificação está sujeita aos efeitos do tempo, sofrendo em grande parte com fatores ambientais relacionados não somente com as mudanças climáticas, mas também com as ações humanas. Assim, a realização de manutenções é indispensável para prolongar a vida útil das edificações (ANDRADE, 2016). Uma maneira de contribuir para manter a conservação do patrimônio edificado é justamente o monitoramento, que permite acompanhar o comportamento da edificação ao longo do tempo, registrando informações acerca de determinados parâmetros em relação às influências climáticas, ao comportamento dos materiais e à estrutura da sua envoltória, por exemplo, o monitoramento do aparecimento de fissuras, inclinações, deformações e variações térmicas (temperatura, umidade e intemperismo) (CERAVOLO *et al.*, 2017). Além disso, a elaboração de um plano de ação para restauração e conservação do patrimônio edificado passa muitas vezes por dificuldades em função da falta de documentação a respeito das técnicas e materiais de construção, dificuldade essa que pode ser superada por meio de tecnologias digitais (INNOCENCIO *et al.*, 2021).

Este capítulo tem como objetivo apresentar as principais variáveis a serem monitoradas em edificações de patrimônio, além dos equipamentos que podem ser utilizados para tanto. Inicialmente, exploram-se exemplos de trabalhos relacionados ao monitoramento de edificações brasileiras com foco na preservação do patrimônio, publicados entre 2016 e 2022. Com base nesses exemplos, são destacadas as variáveis que mais apareceram nos trabalhos.

7.2 MONITORAMENTO DE EDIFICAÇÕES HISTÓRICAS

O patrimônio histórico edificado traz consigo uma importância social e cultural para o contexto das cidades, que passam por mudanças constantemente. Muitas dessas obras históricas atingem estados críticos de conservação, em sua maioria por falta de acompanhamento e reformas, terminando muitas vezes deterioradas e perdendo grande parte de sua identidade original quando por fim passam por um processo de revitalização. Nesse contexto, destaca-se a importância de fazer o monitoramento dessas obras.

O monitoramento é necessário para a preservação dos atributos da arquitetura e analisa todas as variáveis que influenciam na sua conservação. Ele examina a situação atual e futura, estabelecendo as melhores estratégias de intervenção para o processo de manutenção ser o menos prejudicial possível às características originais da edificação (JAPIASSÚ, 2019).

A preservação dos edifícios históricos mantém viva a identidade cultural e histórica de um povo e de uma época, não vivida pela grande maioria das pessoas. Diante disso, o monitoramento serve como uma forma de prever os riscos e problemas que as edificações vão sofrer para que sejam solucionados o mais breve possível, mantendo sua conservação e prolongando sua vida útil. Deve-se lembrar, no entanto, que a análise de edificações históricas exige o uso de equipamentos não invasivos, para que não se comprometa a estrutura (GOPINATH; RAMADOSS, 2020). Martínez-Garrido *et al.* (2018) citam também a importância do nível de acessibilidade – ou seja, se existe a necessidade de treinamento para o manuseio do equipamento – e o quanto a tecnologia permite uma análise não invasiva e não destrutiva. (MARTÍNEZ-GARRIDO *et al.*, 2018). Dessa forma, os instrumentos usados para o monitoramento são inúmeros, e cabe ao profissional saber qual material deve ser usado para cada situação.

A seguir, são apresentados dez artigos de autores brasileiros (publicados entre 2016 a 2022) que abordam o monitoramento de edificações de patrimônio. Esse panorama pemitirá compreender quais são as principais variáveis medidas e as tecnologias utilizadas.

Innocencio *et al.* (2021) utilizaram a inspeção visual, a técnica da termografia e um veículo aéreo não tripulado (VANT) para detectar eventuais anomalias na Capela de Santa Teresinha, construção do início do século XX, localizada em Taubaté (SP). Por meio da inspeção visual, os autores identificaram nas fachadas manifestações patológicas, como desgaste e perda de camada pictórica, infiltração de água e colonização de micro-organismos, fissuras, desprendimento da argamassa, sujidade generalizada, umidade ascendente, vegetação de pequeno porte junto à base, presença de microflora e oxidação das grades. Internamente, pôde-se observar nas paredes manifestações como "perda de camada pictórica e de partes das pinturas parietais, desprendimento do reboco, fissuras oriundas de movimentação higroscópica e sujidades aderidas oriundas de acúmulo de fezes de aves". No forro de estuque da nave, fissuras, presença de ninhos de aves, manchas de umidade, além do forro de madeira degradado (INNOCENCIO *et al.*, 2021, p. 185). Com a técnica da termografia foi possível complementar essa análise, a partir da verificação da presença de umidade em locais não antes identificados. A técnica permitiu ainda a confirmação da presença de umidade em pontos onde a detectação foi visual e a presença de aves sobre o forro. O uso do VANT, por sua vez, permitiu a obtenção de mais detalhes a respeito de danos na cobertura, local de difícil acesso. Exemplos de danos encontrados foram apodrecimento da estrutura do telhado, abaulamento da cumeeira e de uma das águas e pontos de oxidação (INNOCENCIO *et al.*, 2021).

Lima e Zanoni (2019) apresentaram um método para avaliar o estado de conservação de revestimentos em placas de mármore na arquitetura moderna. O levantamento físico foi realizado por meio de VANT, fotogrametria e prospecções. O Palácio do Congresso Nacional foi adotado para o estudo de caso (foram avaliadas as paredes nordeste e sudeste da torre sul). O estudo foi iniciado com uma vistoria realizada mediante inspeção, análise visual e registros por meio de fotografias. De posse das fotografias, os autores iniciaram a fase de processamento das imagens por nuvem de pontos. Na última etapa – prospecções –, foram avaliados pontos internos e externos das paredes da edificação. Os autores salientam a importância do VANT para avaliar fachadas de edifícios altos. As técnicas adotadas para capturar imagens, realizar o processamento digital e a vetorização das informações presentes nas ortoimagens permitiu o registro do estado de conservação das fachadas e dos aspectos técnicos e construtivos (LIMA; ZANONI, 2019).

Dutra e Porto (2019) destacaram alternativas que fizessem uso de tecnologias da informação e da comunicação (TIC) – com possibilidade de aplicação dentro do conceito de cidades inteligentes – para a preservação do patrimônio cultural urbano. Os autores apresentam essas alternativas como ferramenta de apoio à proteção do patrimônio de desgastes causados pelo tempo, incêndios e intempéries agravadas pelo processo de urbanização. A principal técnica encontrada no que se refere ao monitoramento foi a utilização de sensores que permitem a coleta de dados em tempo real (DUTRA; PORTO, 2019).

Um trabalho semelhante foi desenvolvido por Araujo (2017a), no qual a autora apresenta o estado da arte da aplicação de TIC para documentação do patrimônio material imóvel, tanto no Brasil como no exterior. Apesar de focar na documentação, diversas técnicas apresentadas no trabalho de Araujo (2017a) podem ser utilizadas para monitoramento. A autora cita a técnica de fotogrametria, o escaneamento terrestre a laser (TLS), o sensoriamento remoto (que pode ser realizado por meio de VANT) e modelos CAD e BIM. Este último, apesar de não ser uma técnica de monitoramento, pode auxiliar durante a aquisição de dados.

O escaneamento tridimensional e a modelagem BIM também foram utilizados por Siqueira (2018) como metodologia de cadastro da Casa Marquesa de Santos, sediada na cidade Rio de Janeiro. Segundo a autora, o escaneamento permitiu a aquisição de uma base digital muito próxima à realidade em um curto período de tempo, com uma equipe compacta e em condições de segurança. Como vantagem do BIM, a autora destaca o controle das alterações e revisões realizadas no desenho, a elevada qualidade e precisão dos desenhos técnicos e a facilidade de geração de planilhas e quantitativos (SIQUEIRA, 2018).

No trabalho de Coelho *et al.* (2019), foram apresentadas técnicas de monitoramento aplicadas pelo Departamento de Patrimônio Histórico (DPH), integrante da Fundação Oswaldo Cruz (Fiocruz), localizada em Manguinhos, no Rio de Janeiro. As técnicas de monitoramento fazem parte de um conjunto de ações definidas para permitir a conservação preventiva de diversas edificações. Muitas dessas edificações fazem parte do Núcleo Arquitetônico Histórico de Manguinhos (NAHM), e frequentemente apresentam dificuldade de acesso aos entreforros e coberturas. Nesse caso, os drones têm sido adotados como forma de acessar esses locais com redução de custos e de riscos, tanto à vida humana como ao patrimônio. Porém, nos casos em que havia dificuldade de acesso a locais fechados ou com dimensões reduzidas, iniciou-se o estudo da implementação de um veículo de controle remoto com três câmeras. Por fim, para obter um levantamento arquitetônico confiável, a equipe do DPH tem utilizado a técnica de fotogrametria digital e escaneamento a laser (COELHO *et al.*, 2019).

No trabalho de Coelho, Silva e Zouain (2020) foram apresentadas outras técnicas para preservação da Casa de Oswaldo Cruz, utilizadas pela equipe do DPH, que consistiam em quatro etapas: avaliação; monitoramento e controle; planejamento dos serviços com negociações com os usuários dos espaços; e proposições. Na etapa de monitoramento e controle, dataloggers foram utilizados durante dezoito meses para medir e armazenar dados de temperatura e umidade relativa do ar em sete pontos do conjunto formado por edifício e acervos móveis. Tais medições permitiram a avaliação do impacto das condições do ambiente externo sobre os ambientes onde estão os acervos, além do desempenho do edifício para minimizar a umidade relativa e a amplitude térmica (COELHO; SILVA; ZOUAIN, 2020).

O artigo de Barreto Júnior (2016) se voltou para o monitoramento da conservação – com enfoque na estabilidade estrutural – da Casa da Flor, edificação construída em taipa de mão em 1912 e localizada em São Pedro da Aldeia. Da mesma forma que em outros trabalhos citados nesse presente artigo, o autor utilizou a técnica de escaneamento a laser. Nesse caso, o levantamento foi realizado em dois momentos diferentes, com intervalo de doze meses. Desse modo, o autor pôde verificar se a edificação e o terreno estavam estabilizados (BARRETO JR., 2016).

A partir da leitura desses dez artigos, pôde-se levantar quais são as principais variáveis monitoradas e quais as tecnologias de monitoramento mais comuns (Quadro 7.1). A fotogrametria foi a técnica mais citada, seguida pelo VANT.

Quadro 7.1 Identificação de variáveis a serem manipuladas

Variáveis	Finalidade	Equipamentos/ tecnologia	Autores
Fotogrametria	Verificar o estado de conservação das fachadas e dos aspectos técnicos e construtivos	Câmera acoplada à VANT e geração de modelos por Dense Stereo Matching (DSM)	LIMA; ZANONI (2019)
	Analisar o estado de conservação de edifícios e conjuntos urbanos a partir do registro de detalhes	O autor cita as técnicas de fotogrametria esférica, fotogrametria (*strictu sensu*), DSM e a videogrametria	ARAÚJO (2017a)
	Verificar o estado de conservação dos elementos da edificação a fim de elaborar mapeamentos detalhados e diagnósticos mais completos, tendo em vista o planejamento de futuras intervenções	Equipamento não especificado	COELHO *et al.* (2019)
Datalogger	Medição e armazenamento de dados de temperatura e de umidade relativa do ar	Equipamento não especificado	COELHO; SILVA; ZOUAIN (2020)

(*continua*)

Quadro 7.1 Identificação de variáveis a serem manipuladas (*continuação*)

Variáveis	Finalidade	Equipamentos/ tecnologia	Autores
Drones	Viabilizar, mesmo em locais com difícil acesso, de forma segura, rotinas de manutenção para monitorar as condições da cobertura, respeitando a legislação de trabalho em altura	Phantom 3 Professional com câmera de resolução 4K	COELHO *et al.* (2019)
Escaneamento terrestre a laser (TLS)	Levantamento de superfícies a curta e média distância, e de objetos com elevada complexidade geométrica	Equipamento não especificado	ARAÚJO (2017a)
Escaneamento tridimensional	Registro das dimensões, da localização espacial e dos volumes, texturas e cores dos objetos, além da leitura de elementos localizados em áreas remotas ou de difícil acesso	Equipamento não especificado	SIQUEIRA (2018)
Inspeção visual	Identificação de manifestações patológicas nas fachadas	Não se aplica	INNOCENCIO *et al.* (2021)
Prospecções	Identificação de detalhes do revestimento em mármore nas fachadas e caracterização dos componentes do sistema	Não se aplica	LIMA; ZANONI (2019)
Sensores para coleta de dados	Sensores de temperatura que são conectados a um microcomputador	O artigo cita o sistema Climus, que envolve sensores de movimento, de temperatura, de umidade e de luminosidade, além de um dispositivo *bluetooth*, para transmissão dos dados coletados.	DUTRA; PORTO (2019)

(*continua*)

Quadro 7.1 Identificação de variáveis a serem manipuladas (*continuação*)

Variáveis	Finalidade	Equipamentos/ tecnologia	Autores
Sensoriamento remoto (VANT)	Georreferenciamento dos bens para estudar, planejar e gerenciar sítios históricos.	VANT do tipo RPA (*Remotely-Piloted Aircraft*) para coletas de dados e SIG ou GIS (*Geographic Information System*) para análise dos dados	ARAÚJO (2017a)
Termografia	Verificação da presença de umidade	Câmera FLIR ThermaCAM b4os	INNOCENCIO *et al.* (2021)
VANT	Identificação de danos em local de difícil acesso	Phantom 4	INNOCENCIO *et al.* (2021)
	Levantamento fotográfico das fachadas	DJI Phantom 4 Pro	LIMA; ZANONI (2019)
Veículo de controle remoto	Acesso a áreas de dimensões reduzidas ou fechadas	Veículo com três câmeras dotado de sistema de suspensão e sistema mecânico	COELHO *et al.* (2019)

7.3 VARIÁVEIS A SEREM MONITORADAS

As diferentes variáveis apresentadas no Quadro 7.1 demonstram a variedade de informações que podem ser obtidas com as técnicas de monitoramento. É cada vez mais comum a criação de campanhas de monitoramento de edifícios e artefatos históricos (SILVA; COELHO; HENRIQUES, 2020), sendo elas relevantes para a conservação preventiva dos patrimônios para que os danos sejam mínimos (MARTÍNEZ-GARRIDO, 2018). Para tanto, o monitoramento exige a observação de um ou mais parâmetros para analisar as anormalidades presentes na edificação (MARTÍNEZ-GARRIDO, 2018). A seguir, cada uma das variáveis mostradas no Quadro 7.1 é abordada em mais detalhes.

7.3.1 FOTOGRAMETRIA

A Fotogrametria consiste em uma técnica na qual é obtida uma nuvem de pontos ou diretamente um modelo geométrico a partir de fotografias (LOPES; SILVA, 2017). Segundo Geissler (2021), "a fotogrametria digital reduz custos e tempo em levantamentos e em campo", além de gerar "muitos resultados gráficos, detalhes, cores e texturas fotorrealísticas" (GEISSLER, 2021, p. 3). O método produz modelos e desenhos bi e tridimensionais, maquetes e fachadas ortorretificadas. Se antes essa técnica utilizava equipamentos de alto custo e teve seu uso limitado por muito tempo à geração de mapas planialtimétricos, com o avanço da tecnologia ela vem se tornando mais difundida (LOPES; SILVA, 2017). Ainda segundo Lopes e Silva (2017), até mesmo câmeras de celular permitem a captação de fotografias que são posteriormente restituídas em programas de computador específicos.

De acordo com Guimarães, Groetelaars e Amorim (2012), as técnicas de monorrestituição e restituição de fotos convergentes são as mais conhecidas e mais adequadas quando o objeto a ser levantado possui pontos de fácil identificação na fotografia, enquanto a nuvem de pontos é a técnica mais apropriada para formas mais complexas e com irregularidades. Existem duas maneiras de se obter o modelo de nuvem de pontos, sendo a primeira a técnica de processamento digital de imagens fotográficas – chamada de *Dense Stereo Matching* (DSM) – e a segunda por meio da varredura a laser do objeto (uso da técnica de escaneamento 3D a laser) (GUIMARÃES; GROETELAARS; AMORIM, 2012).

Conforme visto nos trabalhos de Lima e Zanoni (2019), Araújo (2017a) e Coelho *et al.* (2019), a técnica da fotogrametria pode auxiliar no mapeamento detalhado de danos presentes na edificação, além de identificar aspectos construtivos importantes. Esses procedimentos podem ser úteis para a definição de um programa de manutenção preventiva do patrimônio edificado.

7.3.2 DATALOGGER E SENSORES PARA COLETAS DE DADOS AMBIENTAIS

No monitoramento do comportamento térmico da edificação, há vários parâmetros e fatores a serem considerados. Além de poder embasar um plano para a proteção da edificação, existem casos nos quais o monitoramento tem a função de proteger o conteúdo que a edificação abriga. Esse assunto foi abordado no trabalho de Fritoli, Krüger e Carvalho (2016). Segundo os autores, em instituições museológicas, que no Brasil muitas vezes se localizam em edificações cuja finalidade original não era a de um museu, são necessários o monitoramento e o estudo contínuo da temperatura e da umidade relativa do ar (FRITOLI; KRÜGER; CARVALHO, 2016).

O aumento médio da temperatura (efeito das mudanças climáticas) gera significativo impacto sobre o estado de conservação de uma edificação, que, segundo Zanirato *et al.* (2017, p. 102), pode:

> [...] contribuir ao maior ressecamento de materiais e resultar em danos físicos nos elementos de proteção, favorecendo a penetração de água pelos telhados, paredes e pelo solo, ao crescimento das colônias de insetos; pelo aumento da precipitação, que pode levar a inundações e infiltração de água pelas paredes e pelo solo, contribuindo para a perda do reboco e exposição das estruturas a umidade e queda e que pode também transportar sais para a argila das paredes e favorecer à erosão.

Já a presença de umidade elevada nas fachadas das edificações pode ser responsável por sujidades e pelo crescimento de vegetação (caso sementes sejam levadas até o local por aves, por exemplo), o que, apesar de não ser grave, pode enfraquecer a estrutura ao longo do tempo. A presença de umidade também pode causar a corrosão de armaduras, o destacamento da pintura e do reboco e o desplacamento do revestimento (LIMA *et al.*, 2021).

Existem dispositivos específicos de medição de temperatura e umidade relativa do ar, além de outras variáveis ambientais, como velocidade do vento e índice de radiação solar. Embora existam diferentes sensores disponíveis no mercado, há também a possibilidade de investimento em protótipos que se bem calibrados, obtêm dados com qualidade (SILVA; COELHO; HENRIQUES, 2020). Para que o tipo de sensor possa ser escolhido, deve-se analisar diversos fatores, como "compatibilidade do sensor com as condições ambientais, sua medição, alcance, resolução, precisão, tempo de resposta, desvio e compatibilidade com o instrumento de gravação e, obviamente, o seu custo" (CAMUFFO, 2014 *apud* SILVA; COELHO; HENRIQUES, 2020, p. 3).

7.3.3 DRONES E VANT

Entre os dez trabalhos apresentados no item 7.2, três fizeram uso de drones e VANT. Lima (2019) diferencia os dois termos da seguinte forma:

> O termo VANT (Veículo Aéreo Não Tripulado) derivado do inglês UAV (Unmanned Aerial Vehicle) é adotado nas pesquisas acadêmicas para se referir a qualquer equipamento não tripulado por um ser humano que acesse o espaço aéreo. A ICAO (2015) adota a sigla RPA (Remotely Piloted Aircraft) para denominar aeronave não tripulada pilotada remotamente por uma estação. O termo drone, por sua vez, é a denominação informal para se referir a esse tipo de equipamento. (LIMA, 2019, p. 3)

Segundo Férnandez-Lozano *et al.* (2016), existem no mercado três tipos de drones: os de asa fixa, os de asa rotatória e os de asa mista. Os de asa fixa podem ultrapassar a velocidade de 20 m/s e têm a vantagem de possibilitar trajetos de grandes distâncias. Contudo, não são adequados para manobrar em espaços reduzidos e para trabalhos verticais, já que a câmera é frontal ou central. Os de asa rotatória atingem uma distância menor, já que sua velocidade máxima é inferior, mas superam os de asa fixa no quesito manobra em espaços reduzidos e facilidade para trabalhos verticais, pois possuem uma câmera que pode ser rotacionada. Os de asa mista, por sua vez, são uma junção dos dois drones, de asa fixa e os de asa rotatória (FERNÁNDEZ-LOZANO *et al.*, 2016).

7.3.4 ESCANEAMENTO TRIDIMENSIONAL E ESCANEAMENTO TERRESTRE A LASER

A tecnologia do escaneamento tridimensional a laser "permite a obtenção de nuvens de pontos a partir da varredura das superfícies dos objetos por feixes de raios laser, empregando aparatos específicos, permitindo a captura automática de grande quantidade de dados em curto espaço de tempo" (GROETELAARS; AMORIM, 2011, p. 1). Esse instrumento pode ser utilizado para capturar a geometria de diferentes objetos, sejam eles de pequenas ou grandes dimensões, e com alta precisão, chegando ao submilímetro (GROETELAARS; AMORIM, 2011, p. 1). Quando o escaneamento é realizado no nível do solo, utilizamos um instrumento chamado de escaneamento terrestre a laser.

Para iniciar o procedimento de aquisição de dados a partir do escaneamento tridimensional a laser, Siqueira (2018) recomenda que inicialmente sejam definidos os objetivos, que por sua vez estão relacionados com a densidade da nuvem de pontos. Deve-se considerar que para grandes campos de visão há uma redução da quantidade de detalhes adquiridos (SHAO *et al.*, 2019). Após a definição dos objetivos, é recomendável realizar uma vistoria prévia ao local a fim de estabelecer a sequência de cenas e verificar se haverá a necessidade de apoios para a varredura (SIQUEIRA, 2018). Em seguida, é necessário realizar a implantação do sistema de coordenadas e posicionar os *targets* iniciais (SIQUEIRA, 2018).

Quando o escaneamento é realizado no nível do solo, utilizamos um instrumento chamado de escaneamento terrestre a laser. De acordo com Araujo (2017b), esse instrumento pode ser usado de forma isolada ou em conjunto com a técnica de fotogrametria, permitindo que os levantamentos tenham alta precisão. A autora cita ainda que se trata de uma tecnologia indicada para objetos com alto grau de complexidade geométrica, além de possuir a vantagem de dispensar a etapa de pós-processamento para geração do modelo de nuvem de pontos (ARAUJO, 2017b). Como desvantagem, Araujo cita a necessidade de "condições específicas para aplicação", a "dificuldade para aquisição de informações de determinados tipos de superfícies, como as lisas e transparentes" e o fato de que "os equipamentos e softwares para captura têm custo elevado" (ARAUJO, 2017b, p. 4).

7.3.5 INSPEÇÃO VISUAL E PROSPECÇÕES

A inspeção visual (ou prospecção visual) de uma edificação pode tanto ser utilizada para verificar a presença de rachaduras, mofo, ferrugem, além de outros tipos de deteriorações, como para definir um plano de reforma e manutenção do envelope da edificação, diretamente ligado ao consumo energético (DOMINGO-IRIGOYEN, 2013).

Ao traçar um plano de reforma, deve-se coletar informações sobre o edifício. Primeiramente deve-se buscar por informações técnicas, dados originais da construção e das alterações feitas, com registro de datas, sistema estrutural e construtivo, e materiais empregados. Contudo, isso não é o bastante, pois muitas vezes não se dispõe de tantos detalhes ou informações documentadas do patrimônio (DOMINGO-IRIGOYEN *et al.*, 2013).

Em seguida, uma inspeção visual é indispensável. Ela serve para conferir se os dados das documentações correspondem à arquitetura construída. Junto a isso, deve-se apresentar um novo desenho do layout do edifício. Nesse momento de inspeção também deve ser observada a presença de indicação de deterioração, como umidade, rachaduras e falhas (DOMINGO-IRIGOYEN *et al.*, 2013).

7.3.6 TERMOGRAFIA

A termografia é uma técnica de inspeção em infravermelho. O termógrafo funciona a partir da "captura [de] diferentes distribuições de calor, com o objetivo de gerar informações referentes à condição operacional de um componente, equipamento ou processo" (MARTINS *et al.*, 2018, p. 1). A partir do uso da termografia, torna-se possível, em alguns casos, uma melhor interpretação das patologias, sejam elas visíveis ou não visíveis (SOARES *et al.*, 2021). Além disso, a termografia permite detectar com mais precisão a intensidade das anomalias encontradas (SOARES *et al.*, 2021).

A principal vantagem da técnica de termografia é que ela é de rápida execução e não destrutiva, tornando-se ideal para embasar projetos de intervenções no patrimônio (MARTINS *et al.*, 2018). Luz *et al.* (2021) ressaltam, contudo, que essa é uma técnica que deve ser combinada com outros métodos para um ensaio mais detalhado. Os autores citam ainda a carência de normas específicas sobre o tema no Brasil (LUZ *et al.*, 2021).

7.3.7 VEÍCULO DE CONTROLE REMOTO

Conforme já dito no item 7.2 deste capítulo, o veículo de controle remoto foi testado por Coelho *et al.* (2019) para acessar locais de difícil acesso. Segundo os autores, o controle remoto pode alcançar até quinhentos metros, e câmeras com lentes de grande ângulo permitem a pilotagem do carro com precisão mesmo de forma remota. Como resultado do teste, os autores consideraram o veículo de controle remoto "uma ferramenta viável e que pode apresentar outros resultados muito relevantes relacionados ao levantamento de dados para estudos históricos, projetos de restauração e procedimentos de conservação preventiva" (COELHO *et al.*, 2019).

7.4 CONSIDERAÇÕES FINAIS

Ao longo deste capítulo, pôde-se observar que o uso da tecnologia para monitorar o patrimônio histórico é incentivado por muitos autores como forma de embasar planos de conservação preventiva ou de intervenções, especialmente quando são adotadas técnicas não invasivas e não destrutivas. O monitoramento torna, portanto, mais preciso o processo de preservação do patrimônio. Trata-se, portanto, de um procedimento essencial para prolongar a vida útil do patrimônio edificado, evitando os efeitos do tempo, das mudanças climáticas, ou até mesmo destruições causadas por acidentes.

Muitas são as técnicas que podem ser utilizadas, e este capítulo não teve a intenção de explorar todas elas. Destaca-se, contudo, a importância de conhecer as técnicas mais comuns a fim de poder traçar um plano de monitoramento a partir de um determinado objetivo predefinido.

A grande maioria das técnicas de monitoramento aqui apresentadas relaciona-se com a identificação de pontos degradação da edificação: a fotogrametria e o escaneamento a laser permitem a geração de um mapa de danos; os drones e os VANT trazem segurança aos procedimentos, já que possibilitam o acesso remoto a grandes alturas; os veículos de controle remoto solucionam o problema de acessar locais de pequenas dimensões; e a inspeção visual e a prospecção visual, apesar de não envolverem tecnologia, são essenciais para a programação do monitoramento.

Outro mapeamento importante para um plano de conservação ou manutenção é o acompanhamento das variáveis ambientais. Por meio dos dados coletados, pode-se identificar causas de danos à edificação. No caso de museus, esse monitoramento se torna ainda mais urgente, já que possibilita o controle da temperatura e da umidade, essenciais para a manutenção de muitos artefatos históricos.

Diversas são as tecnologias disponíveis para embasar planos de manutenção. É necessário, contudo, criar a cultura do monitoramento, evitando, assim, problemas mais graves no futuro, inclusive de perda de patrimônio.

REFERÊNCIAS

ANDRADE, Felipe S. N. *Estudo do impacto potencial das mudanças climáticas na biodeterioração de estruturas de madeira no patrimônio cultural edificado do Vale Histórico Paulista.* 2016. Dissertação (Mestrado em Ciências) – Programa de Pós-Graduação em Mudança Social e Participação Política, Escola de Artes, Ciências e Humanidades, Universidade de São Paulo, São Paulo, 2016.

ARAUJO, Ana Paula R. Panorama da utilização das Tecnologias Digitais de Informação e Comunicação – TICS para a documentação do patrimônio material imóvel no Brasil. *In*: SEMINÁRIO IBERO-AMERICANO ARQUITETURA E DOCUMENTAÇÃO, 5, 2017, Belo Horizonte. *Anais* [...]. Belo Horizonte: Ieds, 2017a. v. 1, p. 1-15.

ARAUJO, Ana Paula R. Digital heritage: a aplicação das Tecnologias Digitais de Informação e Comunicação – TICS para a documentação do patrimônio material imóvel no Brasil segundo pesquisas mais recentes. *In*: SEMINÁRIO IBERO-AMERICANO ARQUITETURA E DOCUMENTAÇÃO, 5, 2017, Belo Horizonte. *Anais* [...]. Belo Horizonte: Ieds, 2017b.

BARRETO JR., Ivo Matos. Proposta de monitoramento da conservação material da Casa da Flor. *In*: COLÓQUIO DE PESQUISA DO PROARQ, 7., Rio de Janeiro, 2016. *Anais* [...]. Rio de Janeiro, 2016.

BRAGA, Ronaldo da Cruz; PIMENTEL, Márcia Aparecida da Silva; ROCHA, Edson José Paulino. Mudanças climáticas e impactos da elevação do nível do mar na Zona

Costeira: pesquisa bibliográfica e contribuição conceitual. *Fronteiras: Journal of Social, Technological and Environmental Science*, v. 9, n. 1, p. 230-255, 4 mar. 2020. http://dx.doi.org/10.21664/2238-8869.2020v9i1.p230-255.

CENTRO DE GESTÃO E ESTUDOS ESTRATÉGICOS (CGEE). Subsídios para implantação de sistemas de observação e monitoramento dos impactos das mudanças climáticas no Brasil. *In*: *Sistema de observação e detecção dos impactos das mudanças climáticas*. Brasília: Centro de Gestão e Estudos Estratégicos, 2013. (Produto 2). 72 p.

CERAVOLO, Rosario; MARINIS, Annunziata de; PECORELLI, Marica L.; FRAGONARA, Luca Zanotti. Monitoring of masonry historical constructions: 10 years of static monitoring of the world's largest oval dome. *Structural Control and Health Monitoring*, v. 24, n. 10, p. 1-31, 3 fev. 2017. DOI: http://dx.doi.org/10.1002/stc.1988. Disponível em: https://onlinelibrary.wiley.com/doi/10.1002/stc.1988.

COELHO, Carla *et al.* Tecnologias aplicadas à conservação do patrimônio edificado da Fiocruz. *In*: *Anais do VI Simpósio Brasileiro de Qualidade do Projeto no Ambiente Construído*. Uberlândia, 2019. p. 790-800. http://dx.doi.org/10.14393/sbqp19073.

COELHO, Carla; SILVA, Elisabete E. C. da; ZOUAIN, Rosana S. Pavilhão Mourisco: desafios para sua preservação. *História, Ciências, Saúde-Manguinhos*, v. 27, n. 2, p. 565-582, jun. 2020. http://dx.doi.org/10.1590/s0104-59702020000200015.

DOMINGO-IRIGOYEN, Silvia *et al.* Methodology for diagnosis of real condition of a listed building envelope for its refurbishment. *In*: SUSTAINABLE ARCHITECTURE FOR A RENEWABLE FUTURE CONFERENCE (PLEA 2013), 29., 2013, Munique. *Anais* [...]. Munique, 2013. p. 1-6.

DUTRA, Larissa Fernandes; PORTO, Renata Maria Abrantes Baracho. Alternativas inteligentes para a preservação do patrimônio cultural no contexto das smart cities. *Revista Ibero-Americana de Ciência da Informação*, v. 13, n. 1, p. 372-390, 4 out. 2019. http://dx.doi.org/10.26512/rici.v13.n1.2020.26210.

FERNÁNDEZ-LOZANO, Javier; GARCIA-TALEGON, Jacinta; GUTIERREZ-ALONSO, Gabrieel. Drones: Nuevas aplicaciones geomáticas en el campo de las Ciencias de la Tierra. *In*: CONGRESO GEOLÓGICO DE ESPAÑA – GEO-TEMAS, 9., 2016, Huelva. *Anais* [...]. Huelva: Sociedade Geológica Espanha, 2016. p. 725-728.

FRITOLI, Clara L.; KRÜGER, Eduardo L.; CARVALHO, Silmara K. P. História do papel: panorama evolutivo das técnicas de produção e implicações para sua preservação. *Revista Ibero-Americana de Ciência da Informação*, v. 9, n. 2, p. 475-502, 2016. DOI 10.26512/rici.v9.n2.2016.2424.

GEISSLER, Helenne Jungblut. Fotogrametria digital de bens culturais, Laguna digital. *Brazilian Journal of Development*, Curitiba, v. 7, n. 5, p. 50135-50145, maio 2021.

GOPINATH, Vinoth K.; RAMADOSS, Ravi. Review on structural health monitoring for restoration of heritage buildings. *Materials Today: Proceedings*, v. 43, p. 1534-1538, 2021. http://dx.doi.org/10.1016/j.matpr.2020.09.318.

GROETELAARS, Natalie J.; AMORIM, Arivaldo L. de. Tecnologia 3D Laser Scanning: características, processos e ferramentas para manipulação de nuvens de pontos. *In*: CONGRESSO SIGRADI, 15., 2011, Santa Fé. *Anais* [...]. Santa Fé, 2011. p. 1-5.

GUIMARÃES, Aline L.; GROETELAARS, Natalie J.; AMORIM, Arivaldo L. de. Modelagem BIM a partir de nuvem de pontos e restituição fotogramétrica: estudo de caso para documentação arquitetônica. *In*: SEMINÁRIO NACIONAL DE DOCUMENTAÇÃO DO PATRIMÔNIO ARQUITETÔNICO COM O USO DE TECNOLOGIAS DIGITAIS, 2., Belém, 2012. *Anais* [...]. Belém, 2012. v. 1, p 1-10.

INNOCENCIO, Camila de R.; SALZANI, Lucca O.; PEREIRA, Thales da S. S.; BARBOSA, Maria Teresa G. A termografia e o uso de veículo aéreo não tripulado como instrumentos de auxílio no diagnóstico de manifestações patológicas em patrimônio cultural edificado. *Gestão & Tecnologia de Projetos*, v. 16, n. 3, 2021. DOI: https://dx.doi.org/10.11606/gtp.v16i3.174232. Disponível em: https://www.revistas.usp.br/gestaodeprojetos/article/view/174232.

JAPIASSÚ, P. Método para avaliação de retrofit energético em edificações históricas brasileiras. 2019. Tese (Doutorado em Arquitetura e Urbanismo) – Programa de Pós-Graduação em Arquitetura e Urbanismo, Universidade de Brasília, Brasília, 2019.

LIMA, Bruna Barbosa de; ZANONI, Vanda Alice Garcia. Método de análise do estado de conservação para sistemas de revestimento de fachada em mármore: o caso do Congresso Nacional. *In*: SEMINÁRIO DOCOMOMO-BRASIL, 13., 2019, Salvador. *Anais* [...]. Salvador, 2019. p. 1-16.

LIMA, Fabrício Fernando de Souza; RODRIGUES, Catharina Silveira; CAVALCANTI, Lucas Rodrigues; MONTEIRO, Eliana Cristina Barreto. A utilização do Mapa de Danos e Inspeções Visuais para diagnóstico de manifestações patológicas em edificação histórica: Palácio Joaquim Nabuco / The use of damage map and visual inspections for diagnosing building defects in a historic building. *Brazilian Journal of Development*, v. 7, n. 10, p. 97445-97465, 15 out. 2021. DOI: http://dx.doi.org/10.34117/bjdv7n10-182. Disponível em: https://ojs.brazilianjournals.com.br/ojs/index.php/BRJD/article/view/37828.

LOPES, Gabriel Alvariz; SILVA, Adriane Almeida Borda da. A fotogrametria como ferramenta de levantamento *in loco*, representação e documentação digital dos estuques do Casarão 8. *In*: CONGRESSO DE INOVAÇÃO TECNOLÓGICA, 1., e SEMANA INTEGRADA UFPEL, 3., 2017, Pelotas. *Anais* [...]. Pelotas, 2017. p. 1-4.

LUZ, J. B. *et al.* Ensaio termográfico do patrimônio histórico: Casa de José de Alencar. *In*: CONGRESSO INTERNACIONAL SOBRE PATOLOGIA E REABILITAÇÃO DAS CONSTRUÇÕES (CINPAR), 2021, Fortaleza. *Anais* [...]. Fortaleza, 2021. p. 715-722. DOI: http://dx.doi.org/10.4322/CINPAR.2021.090. Disponível em: https://doi.editoracubo.com.br/10.4322/CINPAR.2021.090.

MARTÍNEZ-GARRIDO, M. I. *et al.* A comprehensive study for moisture control in cultural heritage using non-destructive techniques. *Journal of Applied Geophysics*, v. 155,

p. 36-52, ago. 2018. DOI: http://dx.doi.org/10.1016/j.jappgeo.2018.03.008. Disponível em: https://www.sciencedirect.com/science/article/abs/pii/S092698511730438X?via%3Dihub.

MARTINS, Daniele dos S. *et al.* A termografia infravermelha como ferramenta de auxílio nas restaurações patrimoniais com manifestações oculta. *Revista do Cepa*, v. 36, n. 48, p. 25-38, jan/jun. 2018. Disponível em: https://online.unisc.br/seer/index.php/cepa. Acesso em: 22 abr. 2022.

SANT'ANNA NETO, J. L. *As chuvas no Estado de São Paulo.* 1995. Tese (Doutorado em Geografia Física) – Departamento de Geografia Física, Universidade de São Paulo, São Paulo, 1995.

SHAO, Jie *et al.* Automated markerless registration of point clouds from TLS and structured light scanner for heritage documentation. *Journal of Cultural Heritage*, v. 35, p. 16-24, jan. 2019. Elsevier BV. DOI: http://dx.doi.org/10.1016/j.culher.2018.07.013. Disponível em: https://www.sciencedirect.com/science/article/abs/pii/S1296207418302930?via%3Dihub.

SILVA, Hugo Entradas; COELHO, Guilherme B. A.; HENRIQUES, Fernando M. A. Climate monitoring in World Heritage List buildings with low-cost data loggers: The case of the Jerónimos Monastery in Lisbon (Portugal). *Journal of Building Engineering*, v. 28, p. 101029, mar. 2020. DOI: http://dx.doi.org/10.1016/j.jobe.2019.101029. Disponível em: https://www.sciencedirect.com/science/article/abs/pii/S2352710219309672?via%3Dihub.

SIQUEIRA, Simone Viana. Metodologia de cadastro realizado através de escaneamento à laser: Casa Marquesa de Santos. *In*: *Anais do Simpósio Científico 2017 – ICOMOS Brasil.* Belo Horizonte: Instituto Metodista Izabela Hendrix, 2018. Disponível em: https://www.even3.com.br/anais/eventosicomos/60356-METODOLOGIA-DE--CADASTRO-REALIZADO-ATRAVES-DE-ESCANEAMENTO-A-LASER--CASA-MARQUESA-DE-SANTOS. Acesso em: 24 abr. 2022.

SOARES, P. H. L. *et al.* Utilização da termografia na identificação de anomalias exógenas e funcionais no patrimônio histórico de Curvelo/MG. *In*: CONGRESSO INTERNACIONAL SOBRE PATOLOGIA E REABILITAÇÃO DAS CONSTRUÇÕES (CINPAR), 2021, Fortaleza. *Anais* [...]. Fortaleza, 2021. p. 497-504. DOI: http://dx.doi.org/10.4322/CINPAR.2021.063. Disponível em: https://doi.editoracubo.com.br/10.4322/CINPAR.2021.063.

WERNECK, Daniela Rocha; AZEVEDO, Erondina; ROMERO, Marta. Estudo do aquecimento urbano com métodos de transecto móvel e sensoriamento remoto. *In*: ENCONTRO NACIONAL DE CONFORTO NO AMBIENTE CONSTRUÍDO, 15., e ENCONTRO LATINO-AMERICANO DE CONFORTO NO AMBIENTE CONSTRUÍDO, 11., 2019, João Pessoa. *Anais* [...]. João Pessoa, 2019, p. 613-622.

ZANIRATO, S. H. *et al.* Comunicação de riscos nos municípios do Vale Histórico Paulista. Experiências de participação social para adaptação e redução das vulnerabilidades em áreas urbanas. In: PEREIRA, Diamantino Alves Correira. (Org.). *Mudança Social e Participação Política*: estudos e ações transdisciplinares. 1. ed. São Paulo: Annablume, 2017, v. 1, p. 127-139.

CAPÍTULO 8
Patrimônio e mudanças climáticas: desafios futuros

Carina Folena Cardoso Paes

Pedro Henrique Gonçalves

Clarissa Sartori Ziebell

Renata Franceschet Goettems

A proposta deste livro se desenvolveu numa perspectiva desafiadora: tematizar o legado das nossas cidades e meios rurais, da nossa construção como indivíduos e sociedade na relação com um problema que não é propriamente recente, mas que se coloca no presente desafiando a manutenção de um legado futuro: as mudanças climáticas.

Trabalhar a urdidura que liga a preservação do patrimônio aos compromissos de mitigação dos impactos ocasionados pelas mudanças climáticas foi uma ação que se desenvolveu por meio de uma abordagem holística e que se ocupou de apresentar os diferentes vieses que permeiam essa temática. Como tão bem coloca Cornell (1977/1998, s/p), "cada tentativa de perfeição ameaça resultar num incontrolável conglomerado de incompreensíveis fragmentos". Atentando-nos a essa filosofia, não foi a intenção esgotar as possibilidades de enfoque do patrimônio em relação ao desafio de mitigar as mudanças climáticas, bem como os riscos que trazem ao próprio objetivo de conservação. Há ainda muitas questões a se explorar e grandes incertezas que se colocam ao entendimento de quão abrangentes são esses impactos.

Nessas lacunas que parecem existir no campo da pesquisa em patrimônio e mudanças climáticas, o que se pode afirmar – com base nas considerações tecidas ao longo dos capítulos deste livro – é que há um extenso e promissor campo de investigação nessa temática, assim como indícios plausíveis de que vivemos um cenário de alteração das condições climáticas sem precedentes na história recente. Tais transformações conferem nova complexidade à conservação e preservação do patrimônio, instigando a pontuar algumas questões para trabalho e reflexão futura.

O estado da arte sobre o patrimônio, a sustentabilidade e as mudanças climáticas ressalta, sobretudo, as oportunidades que se desenham na tematização do binômio preservação e resiliência. Essas oportunidades se sediam nos acordos internacionais, como o Acordo de Paris, firmado na 21ª Conferência do Clima (COP 21), que estabelece os objetivos de resiliência às mudanças climáticas, e também se efetivam no quanto essas metas permeiam o debate da preservação na contemporaneidade. Apreender, por exemplo, que o Conselho Internacional de Monumentos e Sítios (Icomos) envida esforços na composição de um comitê específico de mudanças climáticas e patrimônio é algo que evidencia que tematizar o binômio deve ser uma ação encarada como prática corrente nos estudos que envolvem a grande temática do patrimônio cultural.

É evidente que existem desafios postos para tanto. O primeiro deles reside na própria tratativa estabelecida pela Organização das Nações Unidas para a Educação, a Ciência e a Cultura (Unesco): só existe um caminho para a proteção do patrimônio num contexto de deterioração das condicionantes de preservação pelas mudanças climáticas, que é construir políticas públicas abrangentes, incentivando uma governança que se desenvolva sobre os pilares da participação e do engajamento popular (ZANIRATO; RIBEIRO, 2014).

Mesmo com tantos aparatos inovadores na política urbana brasileira, Faria e Pereira (2012) pontuam que o país ainda não conseguiu superar a cisão da condução da política urbana em políticas setoriais. Em outras palavras, constituir políticas públicas abrangentes, lançadas nos termos fixados pela Unesco, envolve prezar pela estruturação e junção de diferentes programas de desenvolvimento socioespacial – que no Brasil são conduzidos de modo apartado –, orientando-os por objetivos comuns e numa plataforma colaborativa entre as diferentes pastas de uma municipalidade (FARIA; PEREIRA, 2012).

Nesse sentido, poderíamos destacar que um caminho primeiro para se pensar a tematização do patrimônio em relação às mudanças climáticas, na prática, é tangenciar a formulação das políticas públicas urbanas numa visão sistêmica. Quando se endossa esse caminho, recolocam-se os problemas na dimensão urbana. Se no paradigma das políticas setoriais o objetivo final da política de preservação é a salvaguarda do patrimônio, na visão abrangente de políticas públicas urbanas esse mesmo objetivo é colocado a serviço de metas mais amplas de cidade, entre as quais se pode inserir o próprio desafio de mitigação das mudanças climáticas, além de questões urbanas e sociais urgentes, como o desenvolvimento humano, a dignidade no morar, entre tantos aspectos.

Pode parecer desafiador e ao mesmo tempo pernicioso pensar essa mudança de paradigma na perspectiva da política de preservação. Contudo, essa nova abordagem tem o potencial de conferir maior clareza às próprias questões que se lançam no ato de preservar: o principal problema reside na preservação em si? É possível que um caminho de resposta a essa questão passe por preconizar o que, de fato, tem incidido na deterioração do patrimônio. Nessa perspectiva, lançam-se como desafios as seguintes questões: como trabalhar intervenções inovadoras em zonas preservadas? Elas precisam, necessariamente, ser o objeto primeiro de intervenção? Como as demais políticas de desenvolvimento urbano podem contribuir na resiliência das áreas de especial interesse de preservação nas cidades em relação às mudanças climáticas? Esses são pontos de partida essenciais e que só podem se constituir numa base de planejamento urbano interdisciplinar e colaborativo.

Os fenômenos no âmbito das mudanças climáticas possuem múltiplas interfaces com processos econômicos, políticos e culturais, que se desenvolvem nas imbricadas relações interpessoais e dos seres humanos com a natureza e os demais entes que compõem os ecossistemas urbanos. Nesse sentido, trabalhar a preservação numa perspectiva de resiliência aos impactos ocasionados pelas mudanças climáticas é uma ação que se dá num contexto de ciência da complexidade, em que os estudos passam a ser desenvolvidos em bases cada vez mais inter, poli e transdisciplinares (MORIN, 1996 [1985]).

Há que se pensar, nesse âmbito, que os estudos urbanos, paisagísticos e arquitetônicos pressupõem, na atualidade, o entrelaçamento de fenômenos e temáticas que aparentemente se desenvolvem de modo separado. Da mesma forma, está-se diante de uma realidade em que ações produzem efeitos que geram, constantemente, novos cenários para análise e intervenção, que acabam por nos desafiar a tematizar o meio ambiente, a cidade, a paisagem e a arquitetura de forma indissociada, mesmo quando se está diante de um contexto caracterizado como de especial interesse de preservação.

É essa visão sistêmica que traz para conceitos já estabelecidos no grande campo da preservação uma importância ainda maior, como é o caso do paradigma da conservação integrada, postulado preliminarmente na Declaração de Amsterdã, de 1975. Do mesmo modo como se reconhece, a partir do conceito de ecologia moderna, que há uma indissociabilidade nas relações ecossistêmicas, assim também se dão as tramas que relacionam o patrimônio em nível mundial (CONSELHO DA EUROPA, 1975).

À época da publicação da Declaração de Amsterdã, as mudanças climáticas ainda não compunham explicitamente o rol das ameaças ao patrimônio, mas já naquele documento apreendia-se a gênese de um novo paradigma, a partir do qual se estabelecia que os poderes locais, aos quais compete o planejamento das cidades, devem ser colaboradores no processo de proteção do patrimônio, promovendo a troca de ideias e informações (CONSELHO DA EUROPA, 1975).

Não há dúvida de que esse ideal repercutiu numa frente inesgotável de propostas e avanços em temas como a documentação, bem como no que se entende por sistemas de informação do patrimônio, ou Heritage Information Systems (HIS). Iniciativas pioneiras como a do sistema de informação para o Patrimônio Cultural Nacional da Romênia datam do final da década de 1970 e dedicavam-se a sistematizar um inventário de dados que auxiliam o processo de preservação (GEBER; OBERLANDER-TARNOVEANU, 1993). Mas a questão que se coloca no presente é como intercruzar uma base de dados mais ampla, que tangencie não só o patrimônio, mas também o clima urbano, as tendências de uso e ocupação do solo, o desmatamento, os impactos dos deslocamentos, entre tantos fatores, alguns dos quais mencionados ao longo dos capítulos deste livro.

Se outrora a concepção colaborativa de planejamento e intervenção, como se depreende da Declaração de Amsterdã, colocava-se na vanguarda de um mundo ainda essencialmente pautado numa mentalidade setorial e fundada em premissas especializadas, a alvorada da era informacional, ou daquilo que Ribas e Ziviani (2008, p. 6) definem como um novo estágio de desenvolvimento humano, em que se preconiza o compartilhamento de ideias, é assaz oportuna ao avanço em novos paradigmas para além do HIS. É preciso transitar da documentação aos sistemas de informação e projeto baseados em múltiplos agentes (GERBER; LÓPEZ, 2014), assim como também se faz necessário aplicar soluções inteligentes, informatizadas e/ou parametrizadas na documentação e preservação, a partir de uma base de dados multitemática.

O que se vislumbra é a potencialidade que o paradigma de *smart city* e, mais além, de City Information Modeling aplicado aos contextos de preservação (Heritage Information Modeling – HCIM) tem de conferir meios operacionais de tematização do patrimônio na política de planejamento urbano global da cidade, em interface com os temas ambientais, sociais, infraestruturais e econômicos (PAES *et al.*, 2022). Também se destaca que, atualmente, com o desenvolvimento de modelos de simulação, pode-se prever cenários climáticos futuros, permitindo assim um melhor embasamento para planos de conservação preventiva do patrimônio edificado (PRIETO; VERICHEV; CARPIO, 2020). A partir desses modelos, pode-se ainda propor estratégias de *retrofit* para melhorar o conforto térmico e a eficiência energética de edificações, as quais, por sua vez, minimizarão o impacto delas nas mudanças climáticas (MUÑOZ-GONZÁLES *et al.*, 2018) e no próprio meio urbano, um dado que reforça a importância de aproximar gestores e pesquisadores.

A informatização dos processos referentes à política de preservação do patrimônio, em associação às outras temáticas do planejamento urbano – por meio da documentação, simulação e monitoramento –, é uma estratégia tecnológica que confere maior viabilidade ao exercício da conservação integrada, que se desenvolve em duas direções: naquela que garante o bom desempenho do contexto para endossar a proteção do patrimônio urbano e na que, por sua vez, vê na preservação em si a contribuição mais estratégica para a economia de recursos e para a luta contra o desperdício. Não só a permanência do patrimônio se viabiliza por sua capacidade de recepcionar novos usos e responder às necessidades da vida contemporânea, como reabilitar o habitar existente se mostra uma ação eficaz para reduzir as invasões de terras agrícolas e atenuar as demandas por deslocamentos, naquilo que se poderia compreender como o benefício social e ambiental da política de conservação (CONSELHO DA EUROPA, 1975).

Há, portanto, um argumento social, histórico, antropológico e ambiental para a manutenção do patrimônio. Como antecipado da Declaração de Amsterdã, a apropriação plena e a dotação de complexidade urbana aos conjuntos edificados são ações que se encontram nas bases do que se pode compreender como uma política urbana resiliente aos impactos das mudanças climáticas.

É preciso compreender que existe uma relação dialética e de fortalecimento mútuo entre a preservação do patrimônio e do meio ambiente, como pontuam Saettone (2002) e Teixeira (2007). Os riscos à manutenção dos tecidos urbanos tradicionais e da natureza têm um mesmo agente motivador: a urbanização e o processo de modernização capitalista que se desenvolveu desde o século XIX, repercutindo na perda da escala humana e no próprio sentido de cidade, bem como na dissolução dos vínculos com a natureza e com os marcos da paisagem perante a excessiva artificialização do meio urbano.

Os tecidos urbanos das cidades tradicionais e das áreas tomadas como de especial interesse de preservação, frequentemente, são caracterizados pela relação simbiótica entre cidade e campo, pela escala comunitária das edificações e arruamentos, pela identidade cultural manifesta na arquitetura e espaços livres públicos, pela presença inconteste da natureza no desenho da cidade, assim como pela legibilidade visual dos conjuntos e marcos urbanos. É o ideal de despertar para esses valores que associa a literatura do urbanismo sustentável, como é o caso de Farr (2013), com aquela que preconiza a humanização dos espaços públicos e da paisagem, como Gehl (2013). Também é nesse enlace que novos paradigmas de desenvolvimento, como o urbanismo regenerativo, colocam-se no duplo objetivo de garantir a preservação do patrimônio e a regeneração da biosfera nas cidades (PAES, 2021).

É importante pontuar que, nesse sentido, o trabalho com a preservação em associação à resiliência aos impactos relacionados às mudanças climáticas galga uma condição multiescalar, que, no entanto, assume especificidades. Quando se focaliza a escala macro, que no entender de Thomson (2016) agrega o estudo e a proposição no âmbito global da cidade, ou da região, talvez a tematização do patrimônio tenha menos a se basear no todo, propositivamente, do que a fornecer a um projeto de cidade compacta, um espaço plenamente habitado, dotado de uma boa infraestrutura e serviços urbanos, que sedie a população e as atividades da cidade, diminuindo as necessidades de deslocamento, favorecendo um metabolismo urbano mais eficiente e circular. Se assim o for, as áreas de especial interesse de preservação compõem, naquilo que compete ao seu desempenho específico, uma das linhas de fortalecimento de uma condição de "agropolis", como a define Girardet (2017, p. 185). Ao mesmo tempo que se apresentam consolidadas e em desenvolvimento pleno, permitem que as periferias urbanas agreguem funções agrícolas, de preservação ambiental e de mananciais, endossando uma política de autossuficiência dos meios urbanos.

No entanto, evidentemente, como visto ao longo deste livro e pontuado por Thomson (2016), estão na escala intermediária dos bairros, distritos, corredores e zonas de especial interesse de preservação as dimensões mais profícuas para o trabalho com a resiliência aos impactos das mudanças climáticas. É na escala comunitária que o processo participativo e o engajamento na verificação dos aspectos tanto concernentes à preservação como atinentes ao atendimento das necessidades cotidianas se expressam.

Nessa escala do bairro, vale ressaltar que a eficiência energética das edificações e o microclima urbano se inter-relacionam: se, por um lado, a forma urbana, a permeabilidade ao vento e a presença da vegetação são exemplos de fatores que irão interferir no ambiente térmico interno de uma edificação, por outro, deve-se sempre lembrar que uma nova edificação irá fazer parte da malha urbana, contribuindo, assim, para o microclima. Conforme Dias (2014), a sustentabilidade das edificações (termo muito mais amplo do que a eficiência energética) é derivada da boa arquitetura, ou seja, do projeto que leve em consideração tanto as características naturais do seu entorno como as construídas.

É interessante compreender, como bem pontuam Wall e Waterman (2012, p. 113), que há uma relação recíproca entre os seres humanos e a paisagem: ao passo que constituem o ambiente construído, são por ele afetados. Para os autores, esse é o cerne da cultura, e o espaço urbano é tanto produto de uma manifestação cultural como também o criador da cultura.

É nessa escala comunitária intermediária, que grande parte das vezes agrega as áreas de especial interesse de preservação, que se dão as marcas de uma sociedade a seu tempo e espaço. No caso dos contextos reconhecidos como patrimônio, a salvaguarda desses legados estruturados na paisagem urbana implicará a preservação e permanência, mas nem sob o argumento da memória, tampouco sob o antropológico e ambiental, a remanescência deve se confundir com a imutabilidade irrestrita. A constituição de uma comunidade saudável, como afirmam Wall e Waterman (2012, p. 122), está no reconhecimento de que mudanças precisam transcorrer. A questão é: qual a escala, a pertinência e o tipo de transformação que se coloca como bem-vinda nesses ambientes? Quais os limites das intervenções? Acredita-se que este livro traz contribuições valiosas para uma prática reflexiva com relação à preservação responsiva às mudanças climáticas.

O que se apreendeu dos desafios que estão postos às áreas de especial interesse de preservação é que, somados aos objetivos que já se associam ao planejamento das comunidades inseridas em setores reconhecidos como patrimônio, importará também discernir os aspectos essenciais que conformam a identidade do lugar e pontuar, exatamente, quais podem ser os limites das intervenções, de modo a contribuir para a utilização dos espaços cotidianos, na melhoria, especialmente, do que se entende como microclima urbano. Para aqueles que intervêm nos conjuntos urbanos protegidos, algumas questões se farão importantes: até que ponto a implantação de para-ventos, o direcionamento das brisas, a inserção de massas d'água e o plantio de vegetação são ações que degeneram ou contribuem para a identidade do lugar? Como podemos adequá-las à paisagem, em respeito à preexistência? Como garantir que essas intervenções urbanas nos contextos preservados também sirvam à eliminação da pobreza e da desigualdade, sem que, contudo, no campo oposto, gerem a gentrificação, que agride o corpo social e antropológico do patrimônio?

Se hoje a sustentabilidade é entendida a partir do que se compreende como qualidade de vida (DOWNTOW, 2009), torna-se coerente no planejamento das intervenções em áreas de especial interesse de preservação conduzir, como bem pontua Waterman (2010), um planejamento mediante o apoio social e, por meio deste e genuinamente, pensar as balizas de um desenvolvimento econômico que "ofereça uma melhor qualidade de vida para todos" (WATERMAN, 2010, p. 108). Essa qualidade pode se traduzir de diferentes formas nas zonas preservadas, a começar pelas boas condições de habitabilidade e de acesso a equipamentos essenciais, que promovam a melhoria da qualidade ambiental e, consequentemente, do desenvolvimento humano, tanto quanto pensar a complexidade dos assentamentos reconhecidos como patrimônio de modo a proporcionar que as oportunidades de renda, de emprego e de acesso a bens e serviços se deem no interior e nos entornos próximos a essas comunidades, diminuindo os impactos de seus deslocamentos.

"Todo o lugar precisa mudar com o tempo, como mudam os padrões e estilos de vida" (WATERMAN, 2010, p. 108), mas o que desafia a tematização propositiva nas áreas preservadas é que os limites dessas mudanças se colocam a partir dos riscos que podem acarretar à manutenção da cultura e do legado coletivo que se dispõem nesses lugares. Para orientar essa ação, torna-se boa a definição que Waterman (2010, p. 111) apresenta para os projetos de comunidades sustentáveis: são bons, são responsáveis, solucionam problemas numa perspectiva de longo prazo, são definidos pelo bom senso aplicado. Garantir a segurança passiva está no rol dessas ações, assim como endossar os laços de vizinhança. Por fim, são projetos que buscam, mesmo que de modo singelo, promover um impacto positivo nas matrizes energéticas, nos objetivos de construção de um metabolismo circular nas cidades, partindo sempre de sistemas e associações comunitárias (WATERMAN, 2010, p. 111).

É importante, como pontua Zancheti (2007), que a transformação do território não anule a história do local, devendo as intervenções se harmonizar à herança cultural e, quando inovadoras, trazerem em si a necessidade de conhecimento e reconhecimento do que fundamenta a cultura do lugar. Nesse sentido, de estreitamento de relações entre corpo técnico, agentes políticos e comunidades, apreende-se que a conservação integrada, como chave de uma condução da política de preservação resiliente às mudanças climáticas, é uma ação pactuada no corpo social (ZANCHETI, 2007). Um projeto de cidade em compromisso com as pessoas é um projeto de cidade comprometido com sua cultura e, portanto, com seu patrimônio.

REFERÊNCIAS

CONSELHO DA EUROPA. Declaração de Amsterdã, de outubro de 1975. *In*: *Congresso do Patrimônio Arquitetônico Europeu*. Amsterdã: Conselho da Europa, 1975.

CORNELL, Elias. *A arquitetura da relação cidade-campo*. Brasília: Alva, 1998. (Trabalho originalmente publicado em 1977)

DIAS, Fabiano Vieira. O lugar sustentável: por uma inter-relação entre a arquitetura, o lugar e suas preexistências ambientais. *Pós*, São Paulo, v. 21, n. 35, p. 58-77, jun. 2014.

DOWNTOW, Paul. F. Finding fractals: Identifying elements of the ecocity. *In*: DOWNTOW, Paul. F. (org.). *Ecopolis*. Berlin: Springer Science, 2009. p. 180-219.

FARIA, Everton Henrique; PEREIRA, Ana Carolina Torrente. As políticas públicas urbanas: um breve discorrer sobre sua constituição de políticas setoriais urbanas para políticas públicas urbanas. *In*: SEMINÁRIO DE CIÊNCIAS SOCIAIS - TECENDO DIÁLOGOS SOBRE A PESQUISA SOCIAL, 10., 2012, Maringá. *Anais* [...]. Maringá: Universidade Estadual de Maringá, 2012. p. 263-274.

FARR, Douglas. *Urbanismo sustentável: desenho urbano com a natureza*. Porto Alegre: Bookman, 2013.

GEBER, Ecaterina; OBERLANDER-TARNOVEANU, Irina. The National Cultural Heritage Information System in Romania. *Visual Resources: An International Journal Documentation*, v. IX, p. 127-141, 1993.

GERBER, David; LÓPEZ, Rodrigo Shiordia. Context-aware multi-agent systems: negotiating intensive fields. *In*: 2013 ASSOCIATION OF COMPUTER AIDED DESIGN OF ARCHITECTURE (ACADIA), 2014, Los Angeles (EUA). *Anais* [...]. Los Angeles: Acadia, 2014. p. 153-162.

GEHL, Jan. *Cidades para pessoas*. São Paulo: Perspectiva, 2013.

GIRARDET, Herbert. Regenerative cities. *In*: SHMELEV, Stanislav. (org.). *Green economy reader*. Cham, Switzerland: Springer International Publishing, 2017. (Studies in Ecological Economics, v. 6)

MUÑOZ-GONZÁLEZ, Carmen M. *et al*. The assessment of environmental conditioning techniques and their energy performance in historic churches located in Mediterranean climate. *Journal of Cultural Heritage*, v. 34, p. 74-82, 2018.

MORIN, Edgar. *O problema epistemológico da complexidade*. Lisboa: Europa-América, 1996. (Trabalho originalmente publicado em 1985)

PAES, Carina Folena C. Urbanismo regenerativo e patrimônio: caminhos para uma abordagem da resiliência urbana sensível ao lugar. *Percursos*, Florianópolis, v. 22, p. 124-151, 2021.

PAES, Carina Folena C. *et al*. Soluções inteligentes aplicadas ao processo de intervenção em centros históricos: propondo um modelo teórico-conceitual para o Heritage City Information Modeling (HCIM). *In*: GONÇALVES, Pedro Henrique (org.). *Patrimônio 4.0*. São Paulo: Blucher, 2022. v. 1, p. 37-60.

PRIETO, Andrés José; VERICHEV, Konstantin; CARPIO, Manuel. Heritage, resilience and climate change: A fuzzy logic application in timber-framed masonry buildings in Valparaíso, Chile. *Building and Environment*, v. 174, n. 106657, p. 106657, 2020.

RIBAS, Claudia S. C.; ZIVIANI, Paula. Redes de informação: novas relações sociais. *Revista de Economía Política de las Tecnologías de la Información y Comunicación*, v. X, n. 1, jan. 2008.

SAETTONE, María Andrea. *Las tesinas de Belgrano*. Buenos Aires: Facultad de Arquitectura y Urbanismo, 2002.

TEIXEIRA, Paula Maria Magalhães. *A paisagem como elemento de sustentabilidade do vale do Ribeirão da Prata*. 2007. Dissertação (Mestrado em Urbanismo) – Pontifícia Universidade Católica de Campinas, Campinas, 2007.

THOMSON, Giles. *Transitioning to regenerative urbanism.* 2016. Tese (Doutorado em Políticas de Sustentabilidade) – Curtin University Sustainability Policy Institute, Curtin, 2016.

WALL, Ed; WATERMAN, Tim. *Desenho urbano.* Porto Alegre: Bookman, 2012.

WATERMAN, Tim. *Fundamentos de paisagismo.* Porto Alegre: Bookman, 2010.

ZANCHETI, Sílvio Mendes. *Gestão da conservação e desenvolvimento urbano sustentável no Brasil: propostas para uma agenda.* Olinda: Centro de Estudos da Conservação Integrada, 2007. (Texto para discussão, v. 17, série 1 – Gestão da conservação urbana)

ZANIRATO, Sílvia Helena; RIBEIRO, Wagner Costa. Mudanças climáticas e risco ao patrimônio cultural em Ouro Preto – MG – Brasil. *Confins*, n. 21, 19 out. 2014. Disponível em: https://journals.openedition.org/confins/9673#quotation. Acesso em: 31 out. 2020.

Sobre os autores

Ana Luísa Wuttke

Graduanda em Arquitetura e Urbanismo pela Universidade Federal do Rio Grande do Sul (UFRGS). Auxiliou no desenvolvimento da pesquisa sobre monitoramento do patrimônio edificado com enfoque em estudos de caso no Brasil e também participou do grupo de pesquisa Laboratório do Ambiente (LabAm).

Caio Frederico e Silva

Mestre e Doutor em Arquitetura e Urbanismo pela Universidade de Brasília. Arquiteto e Urbanista pela Universidade Federal do Piauí (UFPI). Professor Associado da Faculdade de Arquitetura e Urbanismo da UnB. Foi Professor Visitante na Universidade de Harvard (2019-2020). É conselheiro do Conselho de Arquitetura e Urbanismo do Distrito Federal (CAU-DF). Atualmente, é o coordenador da Pós-graduação em Arquitetura e Urbanismo da Universidade de Brasília.

Carina Folena Cardoso Paes (org.)

Graduada em Arquitetura e Urbanismo, mestre em Ambiente Construído e doutora em Urbanismo. Professora Adjunta do Setor de Educação Profissional e Tecnológica da Universidade Federal do Paraná no curso de Tecnologia em Negócios Imobiliários. É membro do grupo de pesquisa Laboratório do Ambiente (LabAm), no qual desenvolve pesquisas alinhadas à área de Planejamento Urbano e Regional com enfoque em processos de informatização e sustentabilidade.

Clarissa Sartori Ziebell

Doutora em Design. Professora adjunta da Faculdade de Arquitetura da Universidade Federal do Rio Grande do Sul (UFRGS), lotada no Departamento de Design e Expressão Gráfica. É membro do grupo de pesquisa Laboratório do Ambiente (LabAm), atuando principalmente nos seguintes temas: simulação computacional, eficiência energética em edificações, desempenho térmico de edificações e EnergyPlus.

Erich Wolff

Doutor em Arquitetura pela Monash University (Melbourne, Austrália) trabalhando com infraestruturas de saneamento no contexto de enchentes e assentamentos informais. Graduado em Engenharia Civil (UnB) e mestre em Geotecnia (UnB). Possui mestrado profissionalizante em Gestão e Técnicas de Navegação Interior pela Universidade de Liège (Bélgica). Atualmente é pesquisador na Nanyang Technology University (Singapura).

Ernestina Rita Meira Engel

Mestranda em Arquitetura e Urbanismo pelo PósArq-UFSC. Especialista em Cidades Inteligentes: Tecnologia e Inovação (UPF). Formada em Arquitetura e Urbanismo pela Universidade Federal da Fronteira Sul – campus Erechim. Pesquisadora e colaboradora do Laboratório do Ambiente (LabAm). Desenvolve pesquisas sobre o uso de sistemas de informações geográficas (SIG), mudanças climáticas, vitalidade urbana, morfologia urbana e centros históricos.

Gabrieli Ozelame Ferrarez

Graduanda em Arquitetura e Urbanismo pela Universidade Federal da Fronteira Sul (UFFS) – campus Erechim. Colaborou com o desenvolvimento de estudos e análises no grupo de pesquisa Laboratório do Ambiente (LabAm), atuando principalmente na área de Desenvolvimento Sustentável, *Smart Cities* e Zonas Climáticas Locais.

Gabrielle Foletto do Carmo

Graduanda em Arquitetura e Urbanismo pela Universidade Federal da Fronteira Sul (UFFS). Fez parte do Laboratório do Meio Ambiente (LabAm), contribuindo com pesquisas principalmente nos eixos de eficiência energética em edificações históricas, sustentabilidade e estudo do patrimônio edificado através de tecnologias digitais.

Laura Beatriz Fin

Graduanda em Arquitetura e Urbanismo pela Universidade Federal da Fronteira Sul (UFFS). Colabora com o desenvolvimento de pesquisas no grupo de pesquisa Laboratório do Ambiente (LabAm), atuando na área de mudanças climáticas, simulações termoenergéticas com foco em edificações históricas e preservação do patrimônio cultural edificado.

Lucas Miolla

Graduando em Arquitetura e Urbanismo pela Universidade Federal da Fronteira Sul (UFFS). Participou e contribuiu com pesquisas do Laboratório do Meio Ambiente (LabAm), principalmente nas áreas de eficiência energética, sustentabilidade e patrimônio cultural.

Naahman Lima Pereira

Graduando em Arquitetura e Urbanismo pela Universidade Federal da Fronteira Sul (UFFS). É membro voluntário do grupo de pesquisa do Laboratório do Ambiente (LabAm), atuando principalmente nas áreas de simulação computacional, eficiência energética em edificações, desempenho térmico de edificações, iniciante no software Rhino e Grasshopper.

Natália Biscaglia Pereira

Graduada em Arquitetura e Urbanismo, mestre e doutora em Arquitetura e Urbanismo. Professora Adjunta do curso de Arquitetura e Urbanismo da Universidade Federal da Fronteira Sul (UFFS). Colaborou com o desenvolvimento de pesquisas no grupo de pesquisa Laboratório do Ambiente (LabAm), na área de preservação do patrimônio cultural edificado e mudanças climáticas.

Pâmela Pasini

Graduanda em Arquitetura e Urbanismo pela Universidade Federal da Fronteira Sul (UFFS). Participou e contribuiu com o desenvolvimento de pesquisas no Laboratório do Ambiente (LabAm), principalmente na área de preservação do patrimônio cultural edificado e mudanças climáticas.

Pedro Henrique Gonçalves (org.)

Doutor em Construção Civil. Professor do curso de Design de Produtos na Faculdade de Artes Visuais da Universidade Federal de Goiás (UFG). Pesquisador e coordenador do Laboratório do Ambiente (LabAm). Desenvolve pesquisas sobre Tecnologias da Informação e Comunicação (TIC), Conforto Ambiental e Inovação na Construção Civil.

Renata Franceschet Goettems

Graduada em Arquitetura e Urbanismo, mestre e doutora em Arquitetura e Urbanismo. Professora Adjunta do curso de Arquitetura e Urbanismo da Universidade Federal da Fronteira Sul (UFFS). Colaborou com o desenvolvimento de pesquisas no grupo de pesquisa Laboratório do Ambiente (LabAm), na área de Planejamento Urbano, com enfoque no uso do solo.

Thiago Montenegro Góes

Arquiteto e Urbanista pela Universidade Federal de Santa Catarina (UFSC) e mestre pela Universidade de Brasília com pesquisas na área de desempenho e conforto ambiental, eficiência energética e ferramentas digitais. Possui especialização em Arquitetura, Construção e Gestão da Edificação Sustentável pela AVM Faculdades Integradas e em Reabilitação Ambiental Sustentável Arquitetônica e Urbanística pela FAU/UnB. Atualmente é doutorando da FAU/UnB.

GRÁFICA PAYM
Tel. [11] 4392-3344
paym@graficapaym.com.br